U0214286

地图学丛书

地图学与智慧城市

张新长　李少英　阮永俭　编著

科学出版社

北京

内 容 简 介

　　本书围绕"数字城市"和"智慧城市"两个核心概念，阐述了智慧城市的起源和发展，介绍数字城市和智慧城市的基本概念、特征、支撑技术及其建设内容，并通过大量案例介绍与地图学联系紧密的空间信息技术、遥感技术和全球导航定位系统，以及虚拟现实技术、云计算技术、物联网技术、时空大数据技术、人工智能技术、区块链技术等智慧城市支撑技术与应用实践。同时，结合应用实践，重点阐述数字城市地理空间框架与公共服务平台建设，探讨城市的网络化管理模式以及空间综合人文学与社会学的相关研究，讨论智慧城市建设的新高度——数字孪生城市，以及智慧城市如何迈向元宇宙时代等内容。

　　本书可以作为地理学、测绘学本科生和研究生，以及选修"智慧城市"课程的相关专业本科生的教材，也可供城市规划和管理人员，数字城市、智慧城市研究和开发人员，以及高等院校相关专业教师阅读参考。

图书在版编目（CIP）数据

地图学与智慧城市/张新长，李少英，阮永俭编著. —北京：科学出版社，2023.10

　　（地图学丛书）

　　ISBN 978-7-03-076509-3

　　Ⅰ. ①地… Ⅱ. ①张… ②李… ③阮… Ⅲ. ①智慧城市–城市建设–研究 Ⅳ. ①TU984

中国国家版本馆 CIP 数据核字（2023）第 189604 号

责任编辑：杨　红　郑欣虹/责任校对：杨　赛
责任印制：赵　博/封面设计：有道文化

科　学　出　版　社　出版
北京东黄城根北街 16 号
邮政编码：100717
http://www.sciencep.com

保定市中画美凯印刷有限公司印刷
科学出版社发行　各地新华书店经销
*

2023 年 10 月第　一　版　　开本：720×1000　1/16
2024 年 11 月第三次印刷　　印张：12 3/4
字数：266 000

定价：59.00 元
（如有印装质量问题，我社负责调换）

丛 书 序

地图学是一门有着几乎和世界最早文明同样悠久历史的古老的科学，又是一门年轻且充满生机与活力的科学，它在长期的人类社会实践、生产实践和科学实践的基础上形成和发展起来，有着强大的生命力。如今，地图学已经成为跨越时间和空间、跨越自然和人文、跨越技术和工程，且具有较完整的理论体系、技术体系和应用服务体系的科学。作为地图学研究"主阵地"的地图（集），是国际上公认的三大通用语言（绘画、音乐、地图）之一，是诠释世界的杰作和浓缩历史的经典，是重构非线性复杂地理世界的最佳形式，是人们工作、学习和生活不可缺少的科学工具。今天，地图的社会影响力比历史上任何时期都要更加强大。

地图学在其 4500 余年的发展史上，共经历了三次发展高峰，即：以古希腊托勒密（90～168 年）《地理学指南》的经纬线制图理论和方法及我国裴秀（221～273 年）《禹贡地域图十八篇·序》的"制图六体"制图理论和方法为标志性成果的古代地图学；以 15 世纪末至 17 世纪中叶的世界地理大发现奠定世界地图的基本轮廓和以大规模三角测量为基础的地形图测绘等为标志性成果开启的近代地图学；以 20 世纪 50 年代信息论、控制论、系统论三大理论问世和电子计算机诞生彻底改变了包括地图学在内的世界科学图景和包括地图学家在内的当代科学家的思维方式，从而导致了地图制图技术的革命等为标志性成果的现代地图学（信息时代的地图学）的形成和发展。总结地图学发展历史进程中的三次发展高峰，每一次都离不开当时的科学家在先进科学技术和社会需求推动下的思维变革的先导作用。

当今，大数据、互联网、物联网、人工智能等技术的快速发展，正在彻底改变地图学家和地图（集）制图工程师的思维方式和工作方式，地图（集）产品"设计→编绘→出版"全过程数字化取得了标志性成果，人工智能赋能地图科学技术由数字化到智能化已成大势，地图学已进入以"数据密集型计算"为特征的科学范式新时代。"地图学丛书"（以下简称"丛书"）的编写出版正是在这样的背景下启动的。

"丛书"旨在总结进入 21 世纪以来我国地图科学家、地图（集）制图工程师的科研实践，特别是地图理论、方法和技术成果，突出科学性、前瞻性、先进性和系统性，以引领地图学健康持续发展，加强研究生教材和课程建设，提升研究生教育质量。"丛书"读者对象定位为测绘科学与技术、地理学及相关学科的研究生或学科优势特色突出高校的高年级本科生。

　　本"丛书"即将陆续出版。"丛书"是开放的，热烈欢迎从事地图学研究与实践的学者、专家，特别是中青年地图科技工作者积极参与到"丛书"的编写工作中来。让我们共同努力，把"地图学丛书"打造成精品！

王家耀

2023 年 1 月 31 日

前　　言

近些年来，智慧城市无论是在理论上还是应用上都处于迅速发展的阶段，是城市信息化发展的重要战略抓手。智慧城市建设是我国城市数字化、信息化以及智能化的关键步骤，服务于国家总体战略布局。智慧城市建设的基底是地图，而"数字地球"概念的提出，推进了城市数字化的进程。近年来，有很多学者致力于智慧城市理论体系的搭建与先进技术的研发，推动城市建设的数字化转型与智能化发展。

中国智慧城市的发展主要经历了探索期、适应期、发展期以及全面布局期等阶段，其服务对象和内容十分广泛，涉及的领域繁多。当前，智慧城市已经被应用到多个领域来推动产业发展和辅助政府决策，如智慧教育、智慧农业、智慧政务、智慧交通及智慧公共安全服务等。智慧城市建设主体也是多元化的，政府企业纷纷入局，涉及政府、企业、公众等多个角色，政府引导、市场主导、公众参与的模式逐渐形成。

本书系统介绍了智慧城市发展的各个阶段，其中包括数字城市、智慧城市和数字孪生城市的基本概念、发展现状、支撑技术以及应用案例等。

第 1 章，讲述了数字城市发展与现状，包括数字城市提出的背景、概念及其特征，展开介绍了数字城市建设的支撑技术及其应用，对数字城市的现状进行分析并提出思考。

第 2～5 章，详细介绍了数字城市阶段建设所需的关键技术，如空间信息技术（GIS、RS、GNSS）的基本概念、组成、应用等，及其与数字城市的关系；虚拟现实技术的概念、组成、技术与设备、实施步骤及其应用与案例介绍；地理空间框架与公共服务平台建设的相关情况及其涉及的关键技术；城市网格化管理的方式与应用等。

第 6 章，介绍了数字城市与人文社会发展所面临的问题以及解决思路。

第 7 章，介绍了智慧城市阶段的云时代 GIS 与物联网技术。

第 8 章，介绍了智慧城市的提出与发展，分析了数字城市与智慧城市的区别和联系，以及智慧城市的主要支撑技术。

第 9 章，介绍了智能城市和智慧城市的区别和联系，以及智慧城市建设的基本原则等。

第 10～12 章，依次介绍时空大数据、人工智能、区块链等技术的相关概念以及这些技术是如何赋能智慧城市建设的。

第 13 章，介绍数字孪生城市及其与智慧城市的关系，其主要支撑技术、应用现状、发展趋势以及面临的挑战与解决思路。

近年来，数字孪生、城市大脑等新型概念层出不穷，为中国智慧城市建设融入新的内涵。随着不断调整改进建设进程中的技术布局，空间信息产业也通过数字孪生在智慧城市建设中找到新的支撑点，多年的技术积累也得以释放出强大的活力，成为整个智慧城市建设过程中的中坚力量。新型技术的集成，也推动了政务数据化运营和政府部门的流程再造，实现部门间数据的互联互通，让"数据"价值为"业务"服务赋能，为政府带来了新的治理模式和服务模式。本书推荐智慧城市建设的新理念、新架构和新技术，旨在为建设具备先进应用技术、良好社会效益以及友好生态环境的新型智慧城市提供参考依据，其目标在于建设一个有序管理、高效运行和多场景服务的新型智慧城市。

本书作为中国大学慕课平台"智慧城市"课程的配套教材，是在课程讲授内容的基础上编写而成的。在本书编写过程中，广州大学硕士研究生冯炜明、姜明、廖曦、居圣哲、黄姿薇、柴蕾、华淑贞、覃琳容、曾祺盛、罗灵雨等为文字整理和图片修改做了大量的工作。同时，科学出版社的编辑和工作人员也付出了辛勤的劳作，做了大量细致的工作。在此，对参与此书编撰工作的所有人员，表示衷心的感谢。本书受到国家自然科学基金面上项目（42071441）"深度知识学习驱动的多源多时相遥感数据建筑物变化检测"和广东省本科高校教学质量与教学改革工程建设项目（221060102-28）"智慧城市在线开放课程"资助，在此表示衷心的感谢！

本书内容丰富，在编写过程中除参考引用了国内许多学者关于智慧城市的研究成果外，还参考引用了国外学者的研究成果，为表示对这些学者的尊重和感谢，力求在每章的参考文献中一一列出，但难免有疏漏之处，敬请相关专家学者谅解。

"智慧城市"课程已经在中国大学 MOOC 课程网站（https://www.icourse163.org/course/GZU-1466040161?tid=1470942462）上线，读者可登录参与学习。

由于技术的迅速发展和编者水平与时间的限制，本书内容和体系尚存不完善之处，敬请读者批评指正。

编 者

2022 年 10 月

目　　录

第1章 数字城市发展与现状

数字城市是指通过空间信息技术、虚拟现实（virtual reality, VR）技术、数据库管理技术以及计算机网络技术，数字化、网络化技术，对城市中的地理资源、生态资源、人文社会等各种信息进行数字化，形成综合数据库和城市虚拟服务平台。数字城市是将各个城市和城市外的空间连在一起的虚拟空间，是数字地球的重要组成部分，是赛博空间的一个子集（李德仁等，2011）。数字城市能实现对城市信息的综合分析和有效利用，以先进的信息化手段支撑城市的规划、建设、运营、管理及应急，能有效提升政府管理和服务水平，提高城市管理效率、节约资源，从而促进城市可持续发展。

本章从数字城市提出的背景出发，介绍数字城市的基本概念和主要特征，然后简要介绍数字城市的支撑技术以及应用，并对我国现阶段数字城市的建设成效进行讨论。

1.1 数字城市概述

1.1.1 数字城市提出的背景

随着城市建设规模的扩大和人口的快速增长，城市的影响力也在不断提升，城市已经成为以服务为基础的社会中心，其职能也在不断地改变。城市是人类生活和发展的最重要空间，是世界中心舞台上绝对的"主角"。

然而，随着当前城市化进程的加速，城市正面临着生态环境污染、非可再生资源过度消耗、人口数量激增、自然与人为灾害频繁出现、资源不合理利用等"城市病症"。例如，一些大城市出现了"空气稀薄症"，城市环境质量日趋恶化，交通拥堵使城市患上"肠梗阻"等，这些"城市病症"已经成为影响城市可持续发展的关键阻碍。因此，这需要人们理性地思考，并以一种更加智能的方法对人们赖以生存和发展的空间进行规划和管理。

当城市面临这些挑战时，如何采用强有力的措施对城市进行科学管理和智能控制，真正地掌握城市时空变化的"生命体征"，为其真正"把脉"，是城市可持续发展急需解决的核心问题。当今世界的科技和信息技术日新月异，用现代高科技技术手段来处理整个地球的自然和社会活动诸多方面的问题，最大限度地利用资源，使人类活动及整个地球环境的时空变化信息实现即时流通，并按照人类的意愿做出及时的反应，是解决城市病症的主要途径之一。

1.1.2 数字城市的基本概念

1998 年，美国副总统戈尔第一次提出了"数字地球"的概念，即以计算机存储技术为基础，以宽带网络为纽带，运用海量信息对地球进行多分辨率、多尺度、多时相和多种类的描述。数字地球为人类的可持续发展和社会进步及国民经济建设提供高质量的服务。数字城市是在数字地球之后产生的概念。数字地球是一个三维的信息化地球模型，其核心思想是通过数字化的手段对地球上的自然、人文和社会等信息进行数字化、网络化、智能化和可视化，以支撑社会的可持续发展决策（李德仁等，2010）。而数字城市则是把现实世界中的城市变为计算机中的城市，从而指导城市的规划、管理和建设以及居民的日常生活。"数字城市"也是"数字地球"的"无数个重要节点"。

随着数字城市概念的产生，各地的发展还出现了赛博城市、在线城市、电子城市和数码港、信息港等名称，其含义基本是一致的。在联合国文件中，城市信息化和数字城市两者是通用的，但国内专家学者更青睐的是数字城市这一概念（薛凯，2012）。

1.1.3 数字城市的主要特征

数字城市以直观化、智能化的表达方式为政府提供决策支持、为民众提供便利服务。数字城市是城市可持续发展的新模式，它具有使城市管理更加高效快捷、居民生活更加轻松方便等多种优点，具有如下特征。

（1）数字城市是赛博空间的无数个子集。赛博空间一词由美国小说家 William Gibson 最早提出，他在 1984 年出版的著名科幻小说《神经漫游者》中，将赛博空间定义为：由计算机生成的景观，连接世界上所有人、计算机和各种信息源的全球计算机网络的虚拟空间。因此，作为子集的数字城市是城市空间信息和其他城市信息相融合并存储在计算机宽带网络上，能供远程用户访问的、虚拟仿真的城市空间。它不仅可以"虚拟"过去，也可以"虚拟"现在与未来。

（2）数字城市是各种城市信息化的集成。数字城市能实现对城市信息的综合分析和有效利用，通过先进的信息化手段支撑城市的规划、建设、运营、管理及应急，能提升城市管理水平和促进城市可持续发展。

（3）数字城市是世纪之交最重要的技术革命，它深刻改变了人们日常的工作和生活方式，甚至风俗习惯和思维方式。

1.2 数字城市建设的支撑技术

1.2.1 空间信息技术

空间信息技术是数字城市建设的重要支撑技术之一。这里的空间信息技术主要指 3S 技术，即地理信息系统（geographic information system, GIS）、遥感（remote sensing, RS）和全球导航卫星系统（global navigation satellite system, GNSS）。3S 技术是目前对地观测系统中进行空间信息获取、存储管理、更新、分析和应用等的关键支撑技术。3S 技术在城市规划与管理、国土资源监测、医疗卫生、军事等各个方面发挥着越来越重要的作用。

1. GIS 技术

GIS，是一种重要的空间信息系统。它是在计算机软硬件系统的支持下，对整个或部分地球表层（包括大气层）空间中的有关地理分布数据进行采集、存储、管理、运算、分析、显示和描述的技术系统。地理信息系统能为庞大的城市数据的存储、管理和运维等提供有效的方法。由于 GIS 技术能够进行科学调查、财产管理、资源管理、发展规划、绘图和路线规划等，其已经广泛被应用于不同的领域，包括交通运输、资源调查、环境评估、灾害预测、国土管理、城市规划、公共安全、水利、电力、公共设施管理等。

GIS 技术主要包括数字化技术、存储技术、多源异构数据集成技术、空间分析技术、环境预测与模拟技术、可视化技术等（汤国安等，2010）。GIS 通过数字化技术将地理空间数据转化成数字形式，应用存储技术开发设计空间数据库，并对空间数据进行存储。在 GIS 技术应用过程中常用空间分析技术完成对地理数据的检索、查询，对地理数据的长度、面积、体积等基本几何参数的量算、最佳位置的选择或最佳路径的分析等。通过空间分析得到的规律，可以为政府相关部门提供有价值的信息，从而为数字城市的决策提供辅助的依据。

2. RS 技术

RS 是以航空摄影技术为基础在 20 世纪初发展起来的一门新兴技术，经过几十年的迅速发展，已成为一门应用广泛的空间探测技术。近年来，RS 技术的应用已从单遥感资料向多时相、多数据源的融合与分析过渡，从静态分析向动态监测过渡，从对资源与环境的定性调查向计算机辅助的定量调查过渡，从对各种现象的表面描述向软件分析和计量探索过渡。当代 RS 以其多传感器、高分辨率和多时相等特征，在大面积资源调查、环境监测等方面发挥着重要的作用。

用卫星作为平台的遥感技术称为卫星遥感。遥感卫星在军事和民用领域都有着重要的应用。目前，中国已建立了完整的遥感技术应用体系，形成了气象、海洋、陆地资源、环境减灾等业务卫星系列、高分辨率对地观测和民用空间基础设施等科研发展型卫星（童庆禧，2023）。图 1-1 为"高分七号"卫星拍摄的北京大兴国际机场真彩色融合影像，机场的跑道标志线以及汽车等都能清晰地辨别，航站楼和机场跑道等地标色彩也非常自然。

图 1-1 "高分七号"卫星拍摄的北京大兴国际机场

3. GNSS 技术

GNSS 的全称是全球导航卫星系统,它泛指所有的卫星导航系统,包括全球的、区域的和增强的,如美国的全球定位系统(global positioning system, GPS)、俄罗斯的格洛纳斯(GLONASS)、欧洲的伽利略(Galileo)、中国的北斗卫星导航系统(BeiDou navigation satellite system,BDS),以及相关的增强系统,如美国的广域增强系统(wide area augmentation system, WAAS)、欧洲的欧洲地球静止导航重叠服务(European geostationary navigation overlay service, EGNOS)和日本的多功能运输卫星增强系统(multi-functional satellite augmentation system, MSAS)等,还涵盖在建和以后将要建设的其他卫星导航系统。

1.2.2 虚拟现实与多媒体技术以及二三维联动城市技术

1. 虚拟现实与多媒体技术

虚拟现实(VR)技术是 20 世纪末发展起来的以计算机技术为核心、集多学科高新技术为一体的综合集成技术。虚拟现实是综合利用了计算机的立体视觉、触觉反馈、虚拟立体声等技术,高度逼真地模拟人在自然环境中的视、听、动等行为的人工模拟环境。这种模拟环境是通过计算机生成的一种环境,可以是真实世界的模拟体现,也可以是构想的世界。1996 年,Burdea 等利用"3I"概括了虚拟现实的基本特征(Grigore et al., 1996),即沉浸感(immersion)、交互性

（interaction）和构想性（imagination）。

虚拟现实与多媒体技术是指为用户提供一种模拟现实或可操作的环境，使用户具有仿佛置身于现实世界一样的临境感，包括视觉、听觉、触觉等多重感觉。虚拟现实与多媒体技术使得城市中的地理信息从原有的符号化、水平化、静止化的状态，进入了动态、时空变换、多维的可交互的环境中。

2. 二三维联动城市技术

二三维联动城市技术主要是将二维的平面电子地图转换为三维的立体地图，让城市内部的地理信息能够得到更清晰的反映。在立体地图中，可以直观地看到城市内部建筑物的高度、城市建筑物间的密集程度以及建筑物的名称。二三维联动城市技术有助于人们更好地理解城市内部的机理特征，大大提高数字城市决策者的工作效率。

1.2.3 空间数据库管理技术

数字城市的建设依赖于多分辨率、多数据源和多时相的数据库管理，其数据库通常包含：①各种分辨率的正射影像数据和房屋纹理影像数据（栅格数据）；②大量不同尺度的图形数据（矢量数据），如土地地块、交通、水系、绿化、公共设施等；③三维地表形态及精细模型数据（三维数据）等类型的数据。对于栅格数据、矢量数据、三维数据这三类数据，需要构建一体化的数据模型，在数据库中全面实施以存储空间坐标为基础的三库一体化数据管理模式，同时还要实现空间数据与属性数据互操作管理的功能（图 1-2）。

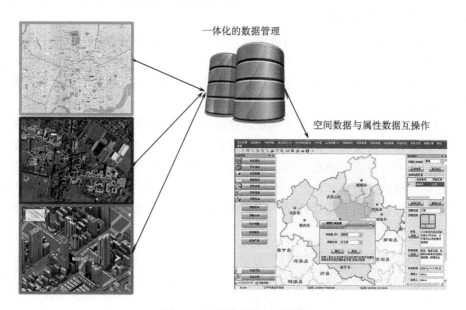

图 1-2 空间数据库管理技术

1.2.4　信息高速公路与计算机网络技术

信息高速公路是把信息的快速传输比喻为"高速公路"。信息高速公路就是一个高速度、大容量、多媒体的信息传输网络。其高速度的特征体现为传输速度比传统网络的传输速度高 1 万倍;其大容量的特征体现为一条信道就能传输大约500 个电视频道或 50 万个电话通信。此外,其信息来源、内容和形式也是多种多样的。网络用户可以在任何时间、任何地点以声音、数据、图像或影像等多媒体方式相互传递信息。万维网的扩展速度是其他任何技术所无法比拟的。通过万维网,公众可以使用网页访问二维和三维的城市空间的各种信息。为了保证用户得到实时的数据,这些"海量数据"必须运行在信息高速公路上。

1.2.5　数据共享与互操作技术

数据共享就是让处于不同地方使用不同计算机、不同软件的用户能够读取他人数据并进行各种操作、运算和分析。互操作是指一种能力,使得分布的控制系统设备通过相关信息进行数字交换,能够协调工作从而达到一个共同的目标。建立"数字城市"应该追求直接、实时的数据共享,即合法的用户可以任意调用"数字城市"各系统的数据,进行查询和分析,实现不同数据类型以及不同系统之间的互操作。

1.3　我国数字城市建设现状与思考

1.3.1　数字城市的发展阶段

从数字城市建设所走过的历程来看,它一般经历四个基本阶段:第一阶段是网络基础设施的建设;第二阶段是政府和企业内部信息化建设;第三阶段是政府、企业上下游之间借助网络实现互联互通;第四阶段是网络社会、网络社区和数字城市的形成。

目前,美国、加拿大、澳大利亚、欧洲等国家或地区,已经完成第一到第四阶段的基本任务。与发达国家相比,我国数字城市起步相对较晚。目前我国数字城市建设主要呈现以下特点:通信基础设施的建设已经基本完成;政府和企业内部信息化的进展比较顺利,但水平参差不齐;政府、企业互联互通有了一些起色;数字城市建设在全国"遍地开花"。目前全国大部分城市,包括市镇,已经基本完成了数字城市的建设。

1.3.2　我国数字城市发展历程

纵观我国数字城市建设的发展历程,大致可以分为三个阶段:起步阶段、试点阶段和推广阶段(陈观林等,2010)。

1. 起步阶段

2000～2003 年为数字城市建设的起步阶段。此时，我国对数字城市的研究刚刚开始，但已受到政府和学者的极大关注。各大城市纷纷举办城市信息化论坛，如 2000 年 5 月在北京举办的"21 世纪数字城市论坛"、2000 年 6 月在上海举办的"亚太地区城市信息化高级论坛"和 2001 年 9 月在广州举办的"中国国际数字城市建设技术研讨会暨 21 世纪数字城市论坛"等（刘安业和王显丹，2007）。2001 年，由建设部和科学技术部联合提出的"城市规划、建设、管理和服务数字化工程"（简称"城市数字化工程"）顺利通过可行性论证，并纳入国家"十五"重点科技攻关计划，在全国建立 4～6 个市级综合城市数字化工程应用示范项目和 5～10 个社区数字化应用示范项目。

国内许多城市也积极投入到数字城市的建设之中，提出建设数字城市计划，如数字北京、数字上海、数字广州等，制定了相应的实施方案，进行各具特色的尝试和实践。例如，数字北京工程通过建设宽带多媒体信息网络、地理信息系统等基础设施平台，整合首都信息资源，建立电子政务、电子商务、劳动社会保障等信息系统及信息化社区，逐步实现全市国民经济和社会信息化（王要武等，2004）。

2. 试点阶段

2004～2007 年为数字城市建设的试点工作阶段。2004 年 10 月，北京市东城区率先推出"网格化"城市管理模式，依靠信息化技术进行数字化城市管理；2005 年 7 月，建设部将深圳市、杭州市、扬州市和北京市朝阳区等 10 个城市（城区）作为全国实施数字化城市管理的首批试点单位；2006 年 3 月，启动了郑州市、台州市和诸暨市等第二批 17 个城市的试点工作；2007 年 4 月，建设部公布第三批数字化城市管理的 24 个试点区域。在这一阶段，从北京市东城区到全国 51 个试点城市，使数字化城市管理由一个不为人知的新事物，逐渐演变成一项中央和地方广泛进行试点、各地纷纷效仿的重大工程。

3. 推广阶段

2008 年以后，数字城市建设进入全面推广阶段。住房和城乡建设部根据全国建设工作会议的工作部署和全国数字化城市管理工作会议要求，明确要求加快推进数字化城市管理试点工作，要求各地建设和城市管理主管部门达到从提高城市管理水平、强化社会管理和公共服务职能、推动城市社会经济发展、促进社会主义和谐社会建设的高度，充分认识推广数字化城市管理新模式的重要性和必要性，切实抓好数字化城市管理推广工作。

目前，数字化城市管理正向城市管理纵深扩展，全国地级以上城市和条件具备的县级市均大力推广数字化城市管理新模式。据不完全统计，我国已建设或正推行数字化城市管理的城市已达上百个。

1.3.3　我国数字城市发展存在的问题

1. 认为数字城市的技术等同于数字城市的管理

数字城市的概念新颖，但界定不明。在城市的数字化管理研究中，许多研究者往往有种技术至上的心态，认为只要将数字技术应用于城市管理，就等同于实现了城市的数字化管理。但对与之相配套的、因技术的应用改进而带来的城市管理模式和体制的变化却缺乏关注，这是一种认识上的误区。

2. 理论研究滞后于实践应用

事实上，城市的数字化管理已经走上了实践应用，如北京市东城区已经率先实行了以万米单元格网管理法和城市部件管理法为代表的城市数字化管理，但对城市数字化管理的研究仍然停留在部分技术系统的开发上，对于适应我国数字城市建设的理论与标准规范体系的研究还比较缺乏。再举个简单的例子，20世纪末，深圳已经开始进行数字城市的初步尝试，搭建了一个公共服务平台，即"一张图"，各部门可在该平台上面免费加载地图数据。大规模的数字城市建设，是国家测绘局在2006年提出的，这个时候大规模的规范、标准、章程才出现，这些标准、章程很多是参照深圳市数字城市的一些规则制定的。很显然，我国的数字城市建设理论的探讨是滞后于实践的。因此，适合我国数字城市建设的标准规范，在理论方面是有一定缺失的。

我国数字城市发展存在的问题还有很多，在此不进行一一阐述，但从国内数字城市建设所呈现的问题可以看出：城市实现数字化管理迫切需要理清城市数字化管理的技术基础、管理优势、管理流程、具体的管理方法，同时还需要对数字城市的概念、标准规范、建设内容、模式、方法等做出系统的研究和规划。

1.3.4　我国数字城市建设的启示

1. 加强教育和宣传，强化社会各方面的信息化意识

数字城市的发展着眼于从根本上建立新型的城市数字化工作、生活和交流方式，因而需要强化社会各行为主体的信息化意识。政府要不断提高领导干部和公务员的信息技术应用能力，为数字城市提供良好的发展环境。

2. 成立城市的行业管理部门，统一规划领导

数字城市建设与管理是一个系统工程，牵涉到经济社会的方方面面，需要各方面的密切协作来保证其建设的良性循环。这就要求各级政府必须建立全市性的机构进行统一领导，协调各地区、各部门、各单位在数字城市建设中的职责，减少重复建设，促进信息资源的共建共享。

3. 制定数字城市建设与管理的政策法规

数字城市的管理，必然涉及国家机密和安全、商业秘密和个人隐私等诸多问题，必须有相应的法律、法规的指导和保障。因此，在数字城市建设的立法方面，应从构建科学、完整的法律体系出发，尽快制定出相关法律、法规和章程。

4. 消除"数字鸿沟"

"数字鸿沟"是指国家或地区之间由于信息化技术发展程度不同，在信息的拥有量上存在"贫富不均"的情况。在带有公共产品性质的网络基础设施和电子政府公务服务建设上，弱势群体将被剥夺享受数字文明的权利，那样的数字化建设是有重大缺陷的。政府在实施信息化战略时，必须坚持地区统筹、城乡统筹，从资金投入、政策引导等方面给出一个切实的消除"数字鸿沟"的计划。

数字城市作为未来城市发展的重要方向，其建设是一个开放的、渐进的过程，它的状况与发展兴衰将直接关系到我国城市的未来。因此，我们有必要对此予以持久的关注和研究，早日摸索出一条适合我国城市发展的数字之路、智慧之路。

1.4　数字城市的应用案例——数字武汉三维影像服务系统

当人类进入空间时代并跨入信息时代的门槛之时，各种运行于空间、翱翔于太空的遥感平台正在连续不断地对地球进行着多时态、多尺度、多分辨率的观测。各种先进的机载和星载对地观测系统源源不断地获取并提供地面的各种信息，人类的视野获得了最大限度的延伸。数字武汉三维影像服务系统正是在这一高科技背景下应运而生。它充分挖掘和利用航摄遥感的信息资源，将人们对未来信息高速公路的设想逐步由梦想变为现实。数字武汉三维影像服务系统以计算机技术、海量数据管理技术和三维虚拟现实技术为支撑，集成了武汉市 120G 的航空影像数据、10G 的卫星遥感数据、一千多平方千米的地形图数据和数字高程模型数据等信息源，不仅可以实现从宇宙空间看我们的家园，而且还可以通过不同时期的影像对照，实现从历史的角度看过去的武汉。

数字武汉三维影像服务系统可以从任意角度、任意方向直观地再现武汉的雄伟风貌，包括山脉、水系、道路、桥梁以及房屋建筑物等三维景观；可以快速精确定位到武汉市的每一个角落，可以通过 GIS 分析工具计算线路长度、任意两处的距离以及任意范围内的建筑物数量、占地面积、建筑面积、容积率等重要指标；还可以通过多个不同年代的历史影像对照分析，快速而直观地反映武汉市的城市发展轨迹，为违建拆迁、湖泊保护等执法管理提供科学的依据。总之，数字武汉三维影像服务系统可为城市规划、土地管理、市政建设、道路交通、公共安全等管理部门提供广泛性、专业性和互动性的三维可视化基础信息平台，而且能够提高城市建设与管理的信息化水平和现代化水平，为各级行政主管部门的科学管理和决策提供准确、及时的信息支持，同时可为各类企事业单位和广大公众提供方便有效的信息服务。

通过运行数字武汉三维影像服务系统，可以在武汉的天空遨游俯瞰城市，可以从洪山广场飞赴黄鹤楼、南岸嘴，沿内环线江汉一桥、飞抵长江二桥，然后返回洪山广场。短短几秒钟时间，就可以从空中游览武汉全市，这种方便快捷的导航定位为人们提供了一种快速概略定位的新方式，也为广大市民提供了一个了解城市概貌的窗口。当知道某个地名或某个单位名称，需要查询其具体位置时，只需在搜索范围框中选取查询的信息，系统将通过模糊查询快速匹配到所需的相关信息。这种精确快捷的定位方式在旅游、商务、交通等领域的应用十分广泛，也为市民出行提供了便利。

在规划和国土管理等方面，往往需要进行距离和面积的量测，并据此进行相应的统计分析，从而指导科学的规划决策。目前，通过系统提供的交互式操作，普通工作人员都可以轻松实现系统自动计算某区域多边形的各条边长、周长和面积等信息，并可以按照报表形式打印输出。这种量测计算功能不但为国土规划管理的日常工作提供了一个全新快捷的方式，也为政府的基本决策提供了一个具体、直观的可视化平台。在土地勘测定界、地籍初始登记、拆迁成本测算等城市建设管理方面，通常需要量算指定区域的面积、点位坐标等参数。过去通常采用基本比例尺地形图量测的方式，略显抽象，难以满足科学询证的要求。在数字武汉三维影像服务系统的支持下，用户选取一个区域多边形的边界时，系统将自动调用武汉市最新的基础地理信息数据，按建筑物楼层统计其数量、占地面积和建筑面积，还可得到该区域的总占地面积、建筑面积、容积率、建筑密度等关键指标，并以报表形式直接打印。此外，系统还可根据用户需要，扩展统计分析内容，这种准确直观、实时快捷的统计分析工具，成为国土规划管理工作的有力助手。

随着经济社会的快速发展，城市面貌日新月异，不同年代的航空摄影影像真实记录着城市的变化过程。通过不同时期的遥感影像，可以直观清楚地掌握某地区的历史发展变化过程。在城市建设快速发展的今天，一方面，各类市政设施的开工建设为人们的生活提供了便利；另一方面，一些不法者也大钻国土管理的空子，肆意违章抢建。在这种情况下，可以通过影像了解城市的发展历程，还能将其用于查处违法用地和违章建筑。不断更新的航空影像资料为若干年后的武汉提供了历史素材，这些珍贵的影像资料可以描绘出武汉的发展轨迹。此外，该系统以影像为基础，可以提供一个直观准确的可视化平台，辅助规划设计。例如，要对某小区进行规划，可以先调用 1∶2000 地形图来了解该区域的用地现状，通过统计分析功能初步估算拆迁量并计算其建设成本，在此基础上叠加规划方案，可进一步判定规划与周围环境的空间适应度和色彩协调度，最后调入规划模型，从多视角展示规划效果。

21 世纪是数字化、信息化、网络化和智能化蓬勃发展的新世纪。随着"十一五"基础测绘工作的不断推进，武汉市的基础地理信息数据和航测遥感数据也在不断地丰富和更新。数字武汉三维影像服务系统也将进一步充实与完善，它必将更深入、更广泛地为构建和谐社会和城市的可持续发展提供更好的信息服务。

参 考 文 献

陈观林, 李圣权, 翁文勇. 2010. 中国数字城市建设的现状及发展趋势分析. International Conference on Engineering and Business Management2010(EBM2010). 成都, 中国.

李德仁, 龚健雅, 邵振峰. 2010. 从数字地球到智慧地球. 武汉大学学报(信息科学版), 35(2): 127-132, 253-254.

李德仁, 邵振峰, 杨小敏. 2011. 从数字城市到智慧城市的理论与实践. 地理空间信息, 9(6): 1-5, 7.

刘安业, 王显丹. 2007. 可持续数字城市建设研究. 建筑管理现代化, (5): 1-4.

汤国安, 赵牡丹, 杨昕, 等. 2010. 地理信息系统. 2 版. 北京: 科学出版社.

童庆禧. 2023. 中国遥感技术和产业化发展现状与提升思路. 发展研究, 40(6): 1-5.

王要武, 郭红领, 杨洪涛. 2004. 我国数字城市建设的现状及发展对策. 公共管理学报, 1(2): 58-64.

薛凯. 2012. 数字城市的实施策略与模式研究. 天津: 天津大学博士学位论文.

Grigore B, Paul R, Philippe C. 1996. Multimodal virtual reality: Input‐output devices, system integration, and human factors. International Journal of Human-Computer Interaction, 8(1): 5-24.

第 2 章　空间信息技术

空间信息技术（spatial information technology）是 20 世纪 60 年代兴起的一门新兴技术，70 年代中期以后在我国得到迅速发展。人类生活和生产的信息有 80% 与空间位置有关，因此空间信息技术是数字城市构筑和运行的主要支撑技术（李德仁等, 2002）。空间信息技术与计算机技术和通信技术的结合，可用于进行空间数据的采集、量测、分析、存储、管理、显示、传播和应用等。从某种意义上说，搭建空间信息平台是数字城市建设过程中的基础设施建设，数字城市的各种应用都需要通过空间信息技术去实现，并受空间信息技术的制约，空间信息技术与数字城市的关系就如同道路、桥梁与实体城市的关系。在第 1 章中，我们已对由地理信息系统（GIS）、遥感技术（RS）和全球导航卫星系统（GNSS）组成的"3S"空间信息技术进行了简要的介绍，本章将深入阐述这三大技术与数字城市的关系，并介绍三大技术的基本概念、组成、发展状况及其在数字城市中的一些相关应用。

2.1　地理信息系统

2.1.1　基本概念

地理信息系统（GIS）是利用现代计算机图形与数据库技术来处理地理空间及其相关数据的计算机应用系统，是融地理学、测量学、几何学和计算机科学为一体的综合性边缘学科。目前，人们通常将地理信息系统定义为：以地理空间数据库为基础，在计算机软硬件的支持下，对地理空间数据及相关的属性数据进行采集、输入、储存、编辑、查询、分析、显示输出和更新的应用技术系统。地理信息系统最重要的作用是对地理空间及其相关信息进行定量的统计分析，其最大特点在于它能把地球表面空间事物的地理位置及其特征有机地结合在一起，并通过计算机屏幕直观地展现出来。这一特点使得地理信息系统具有广泛的用途（李德仁等, 1993）。

GIS 是一种基于计算机的工具，它可以对在地球上存在的大多数物体和发生的事件进行成图和分析。GIS 技术把这种独特的可视化效果和地理分析功能及一般的数据库操作（如查询和统计分析）集成在一起，能够实现对地理信息的存储、查询、分析和预测等。

2.1.2　GIS 的组成

1. 从系统论和应用的角度

从系统论和应用的角度,地理信息系统通常被分为四个子系统,即硬件和系统软件、数据库系统、数据库管理系统、应用人员和组织机构。

(1) 硬件和系统软件:这是开发、应用地理信息系统的基础。其中,硬件主要包括计算机、打印机、绘图仪、数字化仪、扫描仪;系统软件主要指操作系统。

(2) 数据库系统:系统的功能是完成对数据的存储,包括几何(图形)数据库和属性数据库。几何数据库和属性数据库也可以合二为一,即属性数据存在于几何数据中。

(3) 数据库管理系统:这是地理信息系统的核心。通过数据库管理系统,可以完成对地理数据的输入、处理、管理、分析和输出。

(4) 应用人员和组织机构:专业人员,特别是那些复合人才(既懂专业又熟悉地理信息系统)是地理信息系统成功应用的关键,而强有力的组织是系统运行的保障。

2. 从数据处理的角度

从数据处理的角度,地理信息系统又被分为数据输入子系统、数据存储与检索子系统、数据分析与处理子系统、数据输出子系统。

(1) 数据输入子系统:负责数据的采集、预处理和数据的转换。

(2) 数据存储与检索子系统:负责组织和管理数据库中的数据,方便对数据进行查询、更新与编辑处理。

(3) 数据分析与处理子系统:负责对数据库中的数据进行计算和分析、处理。如面积计算、储量计算、体积计算、缓冲区分析、空间叠置分析等。

(4) 数据输出子系统:以表格、图形、图像的方式将数据库中的内容和计算、分析结果输出到显示器、绘图纸或透明胶片上。

2.1.3　GIS 在国内外的发展

1. 国外的发展

1) GIS 初始阶段

1963 年,加拿大测量学家 Tomlinson 首次提出了"地理信息系统"这一术语,提出通过用计算机处理和分析大量的土地利用地图数据,并提议加拿大土地调查局建立加拿大地理信息系统(Canada geographic information system, CGIS),以实现专题地图的叠加、面积量算等功能。1963 年,加拿大政府开始组织研制、实施 CGIS。该系统于 1971 年开始正式运行,是公认的是世界上最早建立的、功能比较完善的地理信息系统(刘向阳和徐纬, 2010)。

1966 年,美国城市与区域系统协会成立;1968 年,国际地理联合会的地理数据遥感和处理小组委员会和城市信息系统跨机构委员会成立；1969 年，美国州信息系统全国协会成立，同时期还有很多与 GIS 相关的研究组织相继建立。这些组织和研究机构相继举办了一系列的 GIS 国际讨论会，对于传播 GIS 知识和发展 GIS 技术起到了指导作用。

2）GIS 发展阶段

法国建立了深部地球物理信息系统和地理数据库系统；美国地质调查局也建立了典型的地理信息系统，用于获取和处理地质、地形、地理和水资源信息；美国森林调查部门也发展了全国林业部门统一使用的资源信息显示系统；瑞典建立了许多信息系统，分别应用于中央、区域和市三个级别上，较典型的有道路数据库、区域统计数据库、斯德哥尔摩地理信息系统、城市规划信息系统和土地测量信息系统等；日本国土地理院从 1974 年便开始建立数字国土信息系统，主要用于存储、处理和检索测量数据、地形地质、行政区划、土地利用、航空像片信息等重要地理空间信息。

3）GIS 推广及应用阶段

20 世纪 80 年代是 GIS 技术在 70 年代技术开发的基础上进行普及和全面推向应用的阶段，也是 GIS 发展的重要时期。随着计算机的发展以及计算机和空间信息系统在许多部门的广泛应用，以个人计算机和图形工作站为特点的性价比大为提高的新一代计算机出现。随着性能较强的微型计算机系统的普及推广及其价格的大幅度下降，图形输入、输出和存储设备的迅猛发展，以及 GIS 软件产业的迅猛发展，大量的微型计算机 GIS 软件系统应运而生。伴随着计算机软硬件技术的普及和发展，GIS 逐渐走向成熟。

4）GIS 社会化阶段

从 20 世纪 90 年代开始，由于社会各界对 GIS 认识的普遍加深，以及社会对 GIS 需求大幅度增加，GIS 的应用范围不断扩大与深化，公众已经开始普遍关注国家级乃至全球性的 GIS 应用问题。伴随着全球地理信息产业的建立和全世界范围内数字化信息产品的普及，GIS 已经深入到各行各业乃至千家万户中，成为人们生活生产、学习工作中不可缺少的工具和助手。国外主流的 GIS 软件有 ArcGIS、MapInfo 与 QGIS 等，大众化程度最高的 GIS 软件应该是谷歌公司推出的 Google Earth。

2. 国内的发展

自 21 世纪以来，GIS 软件技术在城市数字化转型、环境保护、资源管理、地质勘探、交通规划等政府与企业信息化领域扮演着越来越重要的角色，成为 IT 领域不可或缺的重要组成部分（徐冠华，2019）。GIS 软件技术的快速发展，也为我国数字化建设提供了更多的支持和保障（Wu et al., 2023）。通过地理信息系统工作者多年的努力，我国 GIS 取得了长足的进步，发展历程可分为四个阶段（宋关福等，2021）。

第一阶段是准备阶段。因为当时技术、人才、资金、设备等方面的原因，GIS 发展条件不成熟，所以主要采用组建团队、舆论宣传和个别试验研究的形式。1977 年，中国科学院陈述彭先生率先提出了我国地理信息系统研究的建议，启蒙性研究始于 1978 年至 1980 年，以腾冲联合航空遥感试验为契机，建立了中国第一个地理信息分析学科组。

第二阶段是起步阶段。从 1980 年到 1985 年，中国科学院遥感应用研究所建立了全国第一个地理信息系统研究室，初步制定了国家地理信息系统规范。到 1985 年，我国 GIS 领域已经积累了丰富的发展经验，在各个方面都取得了较大进步。

第三阶段是发展阶段。从 1985 年到 1995 年，我国 GIS 高速发展，十分强调技术的集成化、实用化和工程化。在大规模进行国家基础信息数据库和资源环境数据库建设的前提下，努力推进软件系统的国产化和标准化，提高 GIS 的应用水平。

第四阶段是成熟阶段。从 1995 年至今，我国 GIS 已经进入成熟阶段，不断完善标准和规范，形成了一套完整的 GIS 技术和应用体系，它的应用范围也越来越广泛，不仅在国土资源管理、城市规划、环境监测等领域得到广泛应用，也正逐渐渗透到智能交通、智慧农业、智慧医疗等领域，为各行各业的数字化转型提供了更多的可能性和创新思路。未来，GIS 软件技术将继续在数字化建设中发挥重要作用，推动我国数字化建设不断迈上新台阶。

2.1.4　GIS 主要研究与应用方向

1. 主要研究方向

GIS 研究方向可以分为地理数据的收集、处理、分析与表达四个阶段。在地理数据的获取和收集过程中，GIS 主要研究地理数据的准确性和不确定性。地理数据通常通过野外测量、数字化、遥感等手段获得，获取过程中不可避免地存在误差。该研究方向讨论的便是如何处理、减少这些误差，以及针对数据中存在的不确定性错误进行处理的方法和技术。数据的获取手段和表达处理方式日渐成熟，但数据的误差和不确定性却会永久存在，因此该研究方向被视为 GIS 研究领域中富有永久生命力的方向之一。

随着我国地理信息数据库的建设和更新，以及全球地理信息数据共享热潮的到来，地理信息的组织和管理过程是当前国内 GIS 领域研究的重点，在中国有着最为广泛的实践和应用空间。其中，较为热门的研究方向包括空间认知、海量数据库机构体系、空间本体论、空间决策支持系统、时空数据关系及建模、GIS 和 RS 技术的集成、时空数据语义研究、空间数据共享以及互操作研究等。

地理信息数据获取手段的不断丰富和获取效率的不断提高使得地理信息数据量正在以惊人的速度增长，海量的地理数据正在等待 GIS 专家进行分析和利用，地理数据背后隐藏的巨大潜力仍有待挖掘。鉴于此，国内外目前的 GIS 研究热点集中在地理信息的分析和表达过程，其中，最为热门的研究方向包括与网络结合的网络地理服务，与计量地理有关的空间数据统计分析、空间数据挖掘，应急反应中的数据获取和分析、空间信息可视化和虚拟地理环境，社会背景中 GIS 的表达，以及 GIS 在公众信息传播中的研究等。

GIS 作为计算机科学、数学、地球科学、测绘科学等多门学科综合的"交叉性"学科，其进步与其他学科的发展密切相关。特别是计算机科学及网络技术的飞速发展为 GIS 提供了先进的工具和手段，许多计算机领域的新技术，如网络技术、数据库技术、虚拟现实与多媒体技术、物联网技术、云计算技术和人工智能（artificial intelligent，AI）技术都可直接应用到 GIS 中。

2. 主要应用方向

1）GIS 与 Internet/Intranet 的结合与应用

万维网改变了现实的世界。大量的应用正由传统的客户机/服务器方式（client/server, C/S）向浏览器/服务器方式（browser/server, B/S）转移。GIS 技术和 Internet 技术的融合，形成一种技术，称为 WebGIS。它的基本思想就是在万维网上提供空间信息，让用户通过浏览器获得和浏览一个空间信息系统中的数据。典型的例子就是基于 B/S 结构做的地理信息公众服务平台，在平台上可以进行路径分析、兴趣点查询、面积量算等操作。

2）组件式 GIS（ComGIS）

简单地说，组件式 GIS 就是采用了面向对象技术和组件式软件的 GIS 系统（包括基础平台和应用系统）。组件式 GIS 的基本思想是把 GIS 的各大功能模块划分为若干个组件，每个组件完成不同的功能。从图 2-1 中可以看到，通过专门的编辑器把组件 A、组件 B、组件 C、组件 D，根据各个部门的不同需求（如国土部门比较常用关于土地方面的组件，包括土地的面积量算、分等定级；规划部门常用关于规划方面的功能，如容积率），把它们以组件的形式进行包装，最后通过组件打包就可以形成一个 GIS 应用系统。这种技术在 GIS 中得到广泛的应用。

3）基于数据库技术的海量空间数据管理

利用空间数据库技术，可以建立一种真正的数据共享结构的空间管理信息系统，不仅能解决"海量数据"的存储和管理等"瓶颈"问题，也解决了多用户编辑、数据完整性和数据安全机制等许多共建共享问题，给海量级"数字城市"的应用带来更大的空间。

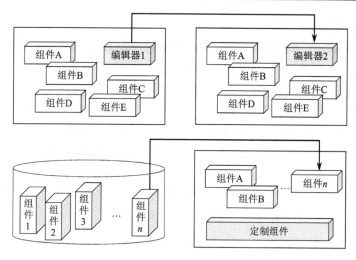

图 2-1　组件式 GIS

4）虚拟现实、三维可视化 GIS（邬伦等，2001）

虚拟现实技术又称灵境技术，是指通过头盔式的三维立体显示器、数据手套、三维鼠标、立体声耳机等手段和工具使人能完全沉浸在计算机生成创造的一种特殊的三维立体环境中。它与计算机网络技术和地学相结合可产生虚拟地理环境。虚拟地理环境具有如下特点：①地学工作者可以进入地学数据中，有身临其境之感。②具有网络性，从而为处于不同地理位置的地学专家同时开展合作研究、交流与讨论提供了可能。目前，由于虚拟地理环境为地学工作者提供了可重复的信息模拟实验的可能，任何一个地学分析模型均可以由其他人在虚拟地理环境中运行模拟，受到检验，从而加速地学理论的发展与成熟，从某种意义上来讲，也极大地推动了 GIS 的发展。

对城市虚拟模型而言，构建模型的技术主要是倾斜摄影。倾斜摄影是近年来航测领域逐渐发展起来的新技术，相对于传统采集的垂直摄影数据，它通过新增多个不同角度的镜头，获取具有一定倾斜角度的倾斜数据。例如，应用倾斜摄影技术，可以同时获得同一位置的多个不同角度的高分辨率影像，采集丰富的地面纹理及位置信息。基于如此详细的航测数据进行影像预处理、区域联合平差、多视角的影像匹配等一系列操作，可以高效快捷地批量建立高质量、高精度的三维GIS 模型。利用虚拟城市模型来管理城市，各项指标数据都会在屏幕上实时显示，这将大大提升相关城市管理部门的工作效率和服务水平。使用虚拟现实技术，可以构建未来城市的模型，还可以进行三维仿真的地形模拟。

虚拟现实、三维可视化相关代表性软件介绍如下。

Google Earth：提供多种数据类型，包括遥感数据、三维城市模型以及其他与生活息息相关的数据。

Virtual Earth：三维城市模型软件，是微软公司 Live 服务中的一个地图服务，可以用三维方式浏览地球上的任何一个地方。

5）无线通信与 GIS 的结合

无线通信改变了人们的生活和工作方式。将无线通信技术、GIS 技术与 Internet 技术结合，衍生出了无线定位技术。无线定位技术的应用很广泛，利用这种技术，人们用手机就可以查询到自己所在的位置（图 2-2）；再利用 GIS 的空间查询分析功能，就可以查到自己所关心的信息。手机无线上网、无线资料传输将是下一个热潮，"泛载 GIS" 将带来更大的市场，为大众服务提供前所未有的机遇。

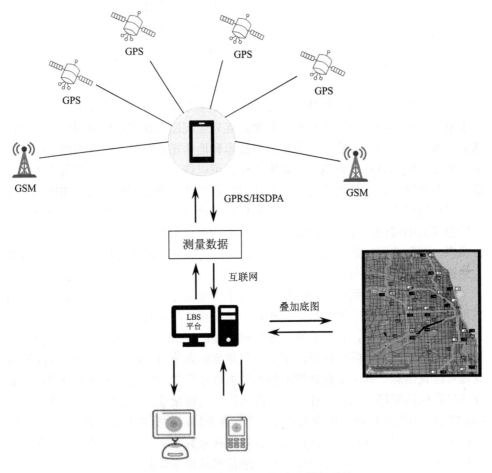

图 2-2　基于 GPS 和 GIS 技术的导航系统

（GSM：全球移动通信系统，global system for mobile communication；GPRS：通用分组无线业务，general packet radio service；HSDPA：高速下行链路分组接入，high speed downlink packet access；LBS：基于位置的服务，location based service）

2.2　遥　　感

2.2.1　遥感的概念

遥感（RS）即遥远的感知，广义上的遥感定义为不直接与目标物接触而从远处收集该目标的信息，并对其进行识别；狭义上的遥感定义为使用传感仪器探测远处物体发射或者反射的电磁波信息来识别物体的技术手段。其特点是：通过飞机、人造卫星、地面平台等运载工具，利用各种传感器，收集地面发射或者反射的电磁波，经过加工处理，变成人眼可见的图像或者数据，再通过分析判读来识别物体的性质。也可以这样理解，遥感技术是利用飞机、飞船、卫星等工作平台上装载的传感器来采集地面数据资料，并从中获取信息，经记录、传送、分析和判读来识别地物的技术（Goetz et al., 1983）。遥感技术是数字城市在大范围获取各种地表不同分辨率的空间数据的重要手段。在数字城市建设中，遥感起到了快速获取和更新空间数据的作用。

2.2.2　遥感技术发展史

遥感作为一种空间探测技术，至今已经历了地面遥感、航空遥感和航天遥感三个阶段。

（1）广义上讲，遥感技术是从 19 世纪初期（1839 年）出现摄影技术开始的，而遥感作为一门综合技术是美国学者在 1960 年提出来的。Pruitt 把遥感定义为"以摄影方式获得被探测目标的图像或数据的技术"。

（2）自从莱特兄弟发明人类历史上第一架飞机起，航空遥感就开始了它在军事上的应用。此后，航空遥感在地质、工程建设、地图制图、农业土地调查等方面得到了广泛应用。在第二次世界大战中，伪装技术的不断提高促使军事遥感出现了假彩色、红外和光谱带照相等技术。

（3）自 1972 年第一颗地球资源卫星发射升空以来，美国、俄罗斯、中国、法国、日本、印度等国都相继发射了众多对地观测卫星，随着传感器技术、航空航天技术和数字通信技术的不断发展，现代遥感技术已经进入了一个快速、多平台、多时相、高分辨率地提供对地观测数据的崭新阶段。

光学传感器的发展进一步体现为高光谱分辨率和高空间分辨率特点，高空间分辨率已达亚米级，而高光谱遥感的波段数已达数十甚至数百个。早在 20 世纪 60～80 年代，美国军方所使用的"锁眼"系列侦察卫星空间分辨率已经达到了 0.6m。作为商业卫星的 WorldView 系列卫星，如 WorldView-1 于 2007 年发射，其全色分辨率为 0.45m，而到 2014 年 WorldView-3 成功发射，已经能够获得全色分辨率为 31cm 和多光谱分辨率为 1.24m 的卫星影像。

为协调时间分辨率和空间分辨率之间的矛盾，小卫星星群计划将成为现代遥感的另一发展趋势。例如，可用 6 颗小卫星每 2～3 d 完成一次对地重复观测，可获得优于 1m 的高分辨率遥感数据。除此之外，机载和车载遥感平台，以及超低空无人机机载平台等多平台遥感技术与卫星遥感相结合，将使遥感应用更加丰富多彩。Planet Labs 是小卫星遥感商业公司。该公司通过发射一系列小卫星组成卫星星座，可以快速获取高分辨率的地球表面信息。截至 2023 年，该公司约有 130 颗卫星在轨运行，每天可以获取超过 2 亿平方千米空间分辨率为 0.3m 的地表信息。

2.2.3　遥感核心技术

遥感核心技术包含以下几点。

（1）地面物体反射、辐射电磁波的特性及其传输规律。

（2）能把传感器运送到工作地区上空的各种运载工具。

（3）遥感图像、信息数据的加工处理技术。

（4）遥感资料数据的分析判读及应用。

对于地学工作者而言，第（3）和第（4）部分是研究的重点。

2.2.4　遥感影像相关知识

1. 遥感影像的性质

因为遥感影像是通过搭载在遥感平台（如卫星、飞机和无人机等）上的传感器来获取信息，然后将图像信息传输到地面接收站或记录下来，经加工、分幅之后，提供给用户使用的。所以，遥感图像的性质依赖于遥感平台及传感器的特性。

大家常有这样一个概念，飞机飞得越高，所探测到的地面面积就越大，然而地面的分辨率就会越低，也就是探测的物体就越模糊。遥感与这个道理是一样的，不同的遥感卫星飞行在不同的高度，所获取的遥感图像存在一定差异。另外，遥感平台上面装载的传感器的特性不同，获得的地面数据的特性也不同。

1999 年 9 月 24 日，世界上第一颗可提供优于 1m 分辨率卫星影像的商业卫星 IKONOS 发射成功。IKONOS 卫星重约 817kg，每 98min 绕地球一圈，卫星离地面平均高度 681km。卫星处于太阳同步轨道上，因此可在每日的同一时间（10:30）经过指定的经度范围，卫星回访周期为 140d。全色分辨率为 1m，多光谱分辨率为 4m。

快鸟（QuickBird）卫星是由数字全球（Digital Globe）公司于 2001 年 10 月 18 日成功发射的高分辨率商用卫星，轨道高度：450km，倾角：98°，轨道周期：93.4 min；拍摄数量：约 57 景；主要景幅宽：可达到的地面宽度为 544 km；传感器分辨率：全色星下点 61cm，多光谱星下点 2.44m；光谱波段范围：黑白 445～990nm；蓝 450～520nm；绿 520～600nm；红 630～690nm；近红外 760～900nm。

图 2-3（a）是美国奋进号航天飞机的干涉成像雷达系统。图 2-3（b）是宇航员于 1994 年在奋进号航天飞机上拍摄的影像，展现的是位于俄罗斯堪察加半岛的克柳切夫火山正在喷出烟雾。图 2-3（c）是航天员在航天飞机上拍摄的一个最具纪念性的影像——与极光同舞。

图 2-3　美国奋进号航天飞机与在其上拍摄的影像

图 2-4 是地球观测系统——极轨环境遥感卫星，它搭载着一个高光谱分辨率传感器，有对流层污染监测仪、云和地球辐射探测系统、多角度成像光谱辐射计、先进星载热发射及反射辐射计、中分辨率成像光谱仪等。

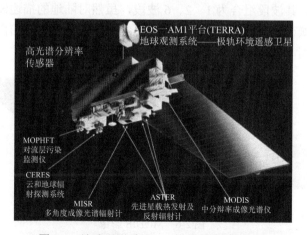

图 2-4　地球观测系统——极轨环境遥感卫星

遥感技术又可以根据传感器捕获地表反射或辐射能力的不同分为光学遥感、红外遥感和微波遥感等。如图 2-5 所示，可见光的波长范围为 390~770nm，而应用该波长范围的遥感探测技术称为光学遥感。光学遥感捕获的地表信息与人眼捕获的信息接近，具有易解释的特点。微波遥感的波长范围为 1~1000mm，应用该波长范围的遥感探测技术称为微波遥感。微波遥感因为波长较长易于穿透云层，所以具有不受云雨天气影响、能进行全天候监测的特点。

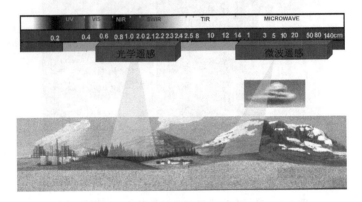

图 2-5　电磁辐射波谱与遥感分类

图 2-6 是 MODIS 卫星捕获的我国沿海一带 2022 年 9 月 30 日的地表影像（MOD09A1，景号 h28v06，空间分辨率为 250m）。图 2-6（a）的波段组合是 3、4、1 波段，它重点强调的是陆地，可以大概辨别陆地地物类别。图 2-6（b）是在同时间拍摄的，其波段组合为 1、2、6 波段，虽然对陆地的描述没有图 2-6（a）那么清晰，但城市及一些水体却表现为红色。虽然是同一时间拍摄，但由于所采用的传感器不同，其影像就存在很大的差异。

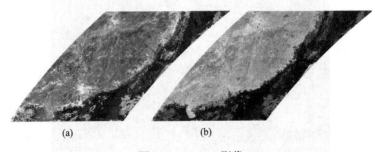

(a) (b)

图 2-6　MODIS 影像

除此之外，还可以采用彩色摄影、多光谱与高光谱进行遥感探测（图 2-7）。图 2-8 是神舟六号拍摄的遥感影像。

 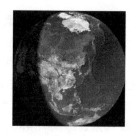

图 2-7　利用彩色摄影、多光谱与高光谱遥感获得的图像　　图 2-8　神舟六号拍摄的遥感影像

　　微波的波长在 1mm~1m，其包括毫米波、厘米波、分米波。图 2-9 和图 2-10 是 NASA 观测尼罗河流域的遥感影像，图 2-9 是可见光影像，图 2-10 是微波影像。通过图 2-10 可以看到，河道上方有一段白色的线段，那就是古河道。古河道之所以会被探测出来，是因为覆盖在古河道上的沙子是干燥的，而古河道的河床是湿润的。地物的含水量越多，其介电常数就越大，它的反射能力也越强。因此，原本能穿透干沙的微波，在遇到含水量较多的古河床之后，将无法继续穿透。这些微波将形成反射回波，被传感器收集，并在图像上显示。

图 2-9　尼罗河流域的可见光影像

图 2-10　尼罗河流域的微波影像

2. 遥感图像的像素

1）什么是像素？

像素（pixel）是用来计算数字影像的一种单位，若把影像放大数倍，会发现这些连续色调其实是由许多色彩相近的小方点组成的，这些小方点就是构成影像的最小单位——像素。像素可以用数字表示，如 640×480 显示器，是指它横向有 640 像素、纵向有 480 像素，因此其总数为 640×480 = 307200 像素。

2）数码相机最大像素可达 40 亿

美国航空航天局为科研而特别研制的相机使用了 40 亿像素的感光元件。40 亿像素可以拍摄出 88000×44000 的超大分辨率，这种尺寸的数码照片，如果不压缩的话，一张照片的容量将达到 24GB。

3. 遥感图像的地面分辨率

地面分辨率与照相机的焦距和卫星的飞行高度有关。如果焦距为 2 m，飞行高度为 150 km，那么，根据简单的几何学关系就可求得地面距离为 0.3 m。这个长度称为照片的地面分辨率。通俗地说，地面分辨率是能够在照片上区分两个目标的最小间距。地面分辨率是衡量卫星侦察技术水平的最重要指标。

图 2-11 是巴塞罗那海边区域的遥感影像，影像上有海岸线、港口、码头等大小不一的地物。图 2-11（a）是 NASA Landsat 系列的卫星拍摄的影像，影像分辨率为 30m，也就是一个像素代表地面上宽为 30m 的网格。在图中可以轻松地分辨出该区的海岸线、港口、码头、河道、主道路、建筑区等大类别的地物轮廓。但是想要看清港口上具体有什么事物，还是相当困难的。图 2-11（b）是 Planet Labs 卫星拍摄的同一区域的遥感影像，它的分辨率是 2.5m，也就是一个像素代表着地面上宽为 2.5m 的网格。图 2-11（b）中的信息内容非常丰富，可以在该图中识别出各种占地面积不同的建筑物，可以看清道路网络，甚至可以数出港口上有多少个集装箱。图 2-11（c）是被完全放大的卫星影像图，从图中我们并不能看到更多的地物信息，只能看到一个一个的马赛克，难以辨认出集装箱上的细节。

　　　　　(a)　　　　　　　　　　　(b)　　　　　　　　　　　(c)

图 2-11 巴塞罗那海边遥感影像

　　接下来介绍目前最具有代表性的高分辨率商业遥感卫星——WorldView 系列卫星拍摄的同一区域的影像（图 2-12）。该图像分辨率为 0.3m，图中一个像素宽就代表了地面上的 0.3m，和 2.5m 分辨率的影像[图 2-11（b）]对比，图像所包含的信息很明显得到了进一步的增强。一般来说，从影像上能够识别目标的最小尺寸应等于地面分辨率的 5～10 倍，即 1.5～3m。人的肩宽约 0.5m，在 WorldView-3 卫星影像上就占 1～2 个像元点。

图 2-12　巴塞罗那海边的 WorldView-3 卫星遥感影像

　　图 2-13 是一幅 Landsat-5（TM）影像，影像扫描幅宽为 185 km，地面分辨率为 30m；图 2-14 是法国的 SPOT 的多光谱的彩色影像，地面分辨率可以达到 20m，从图中可以分辨出船只；图 2-15 是法国 SPOT 卫星全色波段影像，分辨率为 10m。SPOT 卫星的分辨率还有 20m、10m、5m、2.5m（图 2-16）；图 2-17 为同一地区不同地面分辨率航空图像比较；图 2-18（a）是分辨率为 0.61m 的 QuickBird 影像，可以清楚地辨别出车的颜色、长度、在哪个车道上。图 2-18（b）是分辨率更高的航空影片，地面分辨率达到了 0.5m。

图 2-13　广州地区的 Landsat-5 影像

图 2-14　法国 SPOT 卫星多光谱彩色影像　　图 2-15　法国 SPOT 卫星全色波段影像

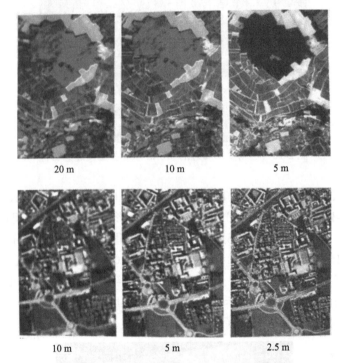

20 m　　　　　　　　10 m　　　　　　　　5 m

10 m　　　　　　　　5 m　　　　　　　2.5 m

图 2-16　SPOT 卫星的不同地面分辨率图像比较

图 2-17　不同地面分辨率航空图像比较

(a) 美国QuickBird 卫星影像(地面分辨率0.61m)　　　　　(b) 航空影像(地面分辨率0.5m)

图2-18　不同地面分辨率影像比较

2.2.5　遥感应用案例

1. 灾害监测

遥感是灾害应急监测和评估工作中一种重要的技术手段，可以对如旱灾、洪涝、地震等重大农业自然灾害进行动态监测和灾情评估，监测其发生情况、影响范围、受灾面积、受灾程度，进行灾害预警和灾后补救，减轻自然灾害给农业生产造成的损失。近年来我国自然灾害频发，遥感应急监测是当前的应用热点之一，如遥感技术在汶川大地震抢险救灾过程中发挥的作用，使人们认识到遥感技术的重要性。

2. 地质遥感

地质遥感，是综合应用现代遥感技术来研究地质规律，进行地质调查和资源勘察的一种方法。它从宏观的角度，着眼于由空中取得的地质信息，即以各种地质体对电磁辐射的反应作为基本依据，结合其他各种地质资料及遥感资料，综合应用，分析、判断一定地区内的地质构造情况。

3. 智慧农业

农作物监测是遥感应用于智慧农业的一个重要方向。它主要利用遥感对作物进行监测，包括作物种植面积监测、作物长势监测、作物产量估算、土壤墒情监测、作物病虫害监测与预报等。

（1）作物种植面积监测：不同作物在遥感影像上呈现不同的颜色、纹理、形状等特征信息，利用信息提取方法，可以将作物种植区域提取出来，从而得到作物种植面积和种植区域。

（2）作物长势监测：通常的作物长势监测指对作物的苗情、生长状况及其变化的宏观监测，即对作物生长状况及趋势的监测。一般可将作物长势定义为包括个体和群体两方面的特征。叶面积指数（leaf area index, LAI）是与作物个体特征和群体特征有关的综合指标，可以作为表征作物长势的参数（杨邦杰和裴志远，1999）。归一化植被指数（normalized differential vegetation index, NDVI）与 LAI 有很好的关系，可以用遥感影像获取作物的 NDVI 曲线反演计算作物的 LAI，进行作物长势监测。

（3）作物产量估算：遥感作物产量估算是基于作物特有的波谱反射特征，利用遥感手段对作物产量进行监测预报的一种技术。利用影像的光谱信息可以反演作物的生长信息（如 LAI、生物量），通过建立生长信息与产量间的关联模型（可结合一些农学模型和气象模型），便可获得作物产量信息。在实际工作中，常用植被指数（由多光谱数据经线性或非线性组合而成的能反映作物生长信息的数学指数）作为评价作物生长状况的标准。

（4）土壤墒情监测：土壤墒情也就是土壤含水量，土壤在不同含水量下的光谱特征不同。土壤水分的遥感监测主要在可见光-近红外、热红外及微波波段进行。微波遥感精度高、具有一定的地表穿透性、不受天气影响，但是成本高、成图的分辨率低，其应用也受到限制。

（5）作物病虫害监测与预报：植被对如病虫害、肥料缺乏等胁迫的反应随胁迫的类型和程度的不同而变化，包括生物化学变化（纤维素、叶片等）和生物物理变化（冠层结构、覆盖、LAI 等），相应地，植物特征吸收曲线（特别是红色区和红外区的光谱特性）就会发生相应变化，所以在病虫害早期就可通过遥感探测到。

4. 土地调查

将前后两年的图像进行对比，将今年新增的变化用地圈出，然后出图，如有不确定的图斑可作为疑似图斑，需要去实地确定是否是违法用地。

2.3 全球导航卫星系统

2.3.1 GNSS 概述

全球导航卫星系统（global navigation satellite system，GNNS）泛指所有卫星导航系统，包括全球的、区域的和增强的，如美国的全球定位系统（GPS）、俄罗斯的格洛纳斯（GLONASS）、欧洲的伽利略（Galileo）、我国的北斗导航系统（BDS），以及相关的增强系统。GNSS 具有多系统、多层面、多模式等特征。

GNSS 是能在地球表面或近地空间的任何地点，为用户提供全天候的三维坐标、速度以及时间信息的空基无线电导航定位系统。GNSS 能够提供全方位的目标定位和位置服务，是数字城市定位服务的重要技术支撑。

2.3.2　主要 GNSS 介绍

（1）美国 GPS：由 24 颗工作卫星组成，它位于距地表 20200 km 的上空，均匀分布在 6 个轨道面上（每个轨道面 4 颗），轨道倾角为 55°。卫星的分布使得在全球任何地方、任何时间都可观测到 4 颗以上的卫星，并能在卫星中预存导航信息。GPS 的卫星因为大气摩擦等问题，随着时间的推移，导航精度会逐渐降低。1994 年，美国宣布在 10 年内向全世界免费提供 GPS 使用权，但美国只向外国提供低精度的卫星信号。该系统有美国设置的"后门"，一旦发生战争，美国可以关闭对某地区的信息服务。

（2）俄罗斯格洛纳斯：尚未部署完毕。始建于 20 世纪 70 年代，需要至少 18 颗卫星才能确保覆盖俄罗斯全境；如要提供全球定位服务，则需要 24 颗卫星。该系统经历快速复苏后，已成为全球重要的卫星导航系统。

（3）欧洲伽利略：1999 年，欧洲提出计划，准备发射 30 颗卫星，组成伽利略卫星定位系统。该系统是第一个完全民用的卫星导航系统。

（4）中国北斗：20 世纪后期，中国开始探索适合本国国情的导航卫星系统发展道路，逐步形成了三步走的发展战略。2000 年底，北斗一号系统建成，向中国提供服务；2012 年底，北斗二号系统建成，向亚太地区提供服务；2020 年，北斗三号系统建成，向全球提供服务。北斗系统从开始建设到全国组网，共发射 59 颗卫星。

2.4　空间信息技术与数字城市关系

2.4.1　地理信息系统

地理信息系统（GIS）是以地理空间数据库为基础，在计算机软硬件的支持下，运用系统工程和信息科学的理论方法，科学管理和综合分析具有空间内涵的地理数据，并提供城市建设、管理和发展等所需信息的技术系统（刘明皓，2010）。GIS 是一种基于计算机的工具，它可以对在地球上存在的任何事物和发生的事件进行成图和分析。GIS 技术把这种独特的视觉化效果和地理分析功能与一般的数据互操作。例如，将查询和统计分析等功能集成在一起，进而对地面上的各种事物进行分析解释与预测，以支撑规划战略的制定。在数字城市建设中，GIS 不仅提供了多尺度、多分辨率和多时相的空间数据支持系统，也为城市的空间信息资源整合、处理和决策提供重要的分析工具。

2.4.2　遥感

遥感是一种非接触的、远距离的对地观测综合技术。通常利用飞机、卫星等装载传感器来接收地球表层物体的电磁波信息，并对这些信息进行扫描、摄影、传输和处理。RS 技术是数字城市大范围获取各种地表不同分辨率空间数据的重要手段，在数字城市建设中起到了快速、及时和准确地获取和更新空间数据的作用。

2.4.3　全球导航卫星系统

全球导航卫星系统（GNSS）是能在地球表面或近地空间的任何地点为用户提供全天候的三维坐标、速度，以及时间信息的空基无线电导航定位系统。GNSS 技术能够提供全方位的目标定位和位置服务，是数字城市定位服务的重要技术支撑。GNSS 是所有卫星导航的总称，凡是可以通过捕获跟踪其卫星信号实现定位的系统，均可纳入 GNSS 的范围。GNSS 主要包括全球定位系统（GPS）、中国国之重器——北斗卫星导航系统（BDS）、俄罗斯的格洛纳斯（GLONASS）和欧盟的伽利略（Galileo）卫星导航系统。

参 考 文 献

李德仁, 龚健雅, 边馥苓. 1993. 地理信息系统导论. 北京:测绘出版社.

李德仁, 李清泉, 谢智颖, 等. 2002. 论空间信息与移动通信的集成应用. 武汉大学学报(信息科学版), 27(1): 1-6.

刘明皓. 2010. 地理信息系统导论. 重庆:重庆大学出版社.

刘向阳, 徐纬. 2010. 浅析 GIS 在我国的发展及其与测绘的关系. 民营科技, (2): 1-5.

宋关福, 陈勇, 罗强, 等. 2021. GIS 基础软件技术体系发展及展望. 地球信息科学报, 23(1): 2-15.

邬伦, 刘瑜, 张晶. 2001. 地理信息系统:原理、方法和应用. 北京:科学出版社.

徐冠华. 2019. 创新驱动中国 GIS 软件发展的必由之路. 测绘科学, 44(2): 86-89.

杨邦杰, 裴志远. 1999. 农作物长势的定义与遥感监测. 农业工程学报, 15(3): 214-218.

Goetz A, Rock B N, Rowan L C. 1983. Remote sensing for exploration - An overview. Economic Geology, 78(4): 573-590.

Wu X H, Dong W H,Wu L, et al. 2023. Research themes of geographical information science during 1991-2020: A retrospective bibliometric analysis. International Journal of Geographical Information Science, 37(2): 243-275.

Zhou Q M, Li B. 2002. A tentative view on GIS software development in China. Photogrammetric Engineering and Remote Sensing, 68(4): 333-339.

第3章 虚拟现实技术

近年来，"数字地球"已成为 21 世纪世界各国重要的发展战略。"数字地球"是一个以地理坐标为依据的、具有多分辨率的、海量数据的和多维显示的虚拟系统，是为应对全球数字知识经济的兴起、信息化通道载体的建设而提出的。虚拟现实（VR）技术是数字城市的关键技术之一。本章结合虚拟现实的应用和案例，阐述虚拟现实技术的相关原理和方法：首先介绍虚拟现实的基本概念；然后具体介绍虚拟现实的组成与原理；最后介绍虚拟现实技术在各个领域中的应用，并列举虚拟现实系统构建过程相关案例。

3.1 虚拟现实概念

虚拟现实技术是信息时代高新技术飞速发展的产物。虚拟现实技术最早起源于美国，由伊凡·苏泽兰在国际信息处理联合会（International Federation for Information Processing, IFIP）上发表的一篇名为"The Ultimate Display"的论文中首次提出。只是由于受当时计算机水平的限制，该技术发展比较缓慢。直到 20世纪 90 年代初，该技术才形成一个较完整的体系，逐渐受到人们的关注。近 20多年来，随着现代高新技术的不断发展，尤其是以计算机技术为代表的高新技术的突飞猛进，虚拟现实技术也得到迅速发展。到 2016 年，各种与虚拟现实相关的科技事物给人们焕然一新的感官享受，诞生了很多"虚拟现实+"行业的发展想象与前景构想。因此，2016 年被称为"虚拟现实元年"。虚拟现实技术现已成为计算机科学、情报学、信息科学、军事以及教育等众多领域的研究热点。

虚拟现实是人们利用计算机生成的一个逼真的三维虚拟环境，是通过人的肢体使用传感设备并与之相互作用的一种新技术。它与传统模拟技术的不同在于其能将模拟环境、视景系统和仿真系统合三为一，并利用头盔显示器、图形眼镜、数据服、立体声耳机等传感装置和现实装置（赵沁平等，2016），把操作者与计算机生成的三维虚拟环境连接在一起，使操作者可获得视觉、听觉、触觉等多种感知（邓志东等，2006），并按照自己的意愿去改变"不随心"的虚拟环境。例如，通过计算机可以设计虚拟的一座楼房，内有各种设备及物品，操作者可以"身临其境"，通过各种传感装置在屋内行走、观察、开关门、搬动物品，也可以对房屋设计的不合理之处进行改动。

虚拟现实综合利用了计算机的立体视觉、触觉反馈、虚拟立体声等技术，是一种高度逼真地模拟人在自然环境中的视、听、动等行为的人工模拟环境。这种模拟环境是通过计算机生成的一种环境，可以是真实世界的体现，也可以是构想的世界。1994 年，Burdea 等用"3I"概括了虚拟现实的基本特征（Burdea and Coiffet, 2005），即沉浸感（immersion）、交互性（interaction）和构想性（imagination）。它们的含义如下。

（1）沉浸感，是指用户进入由虚拟现实技术构建的虚拟三维空间环境，并作为该环境中的一员，用户在该系统提供的虚拟环境中能身临其境地观察和探索，参与环境中事物的变化和相互作用。这是虚拟现实技术区别于其他技术最主要、最根本的特征。

（2）交互性，是指用户通过人类自然行为与虚拟环境中的"各种客体"进行交互的能力。例如，用户用手直接抓取虚拟环境中的物体时会获得触摸感，可以感觉到物体的重量；此时，场景中被抓取的物体也能够随着手的移动而移动。

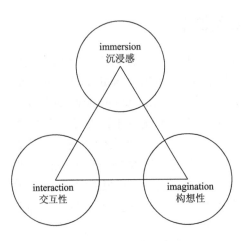

图 3-1　虚拟现实三角形

（3）构想性，是指用户沉浸在多维信息空间中，依靠自己的感知和认识能力，全方位地获取知识，发挥主观能动性，寻求疑惑的解答，并形成新的观念和想法。这种观念和想法的形成是获取沉浸感的一个必要条件。

这三个特征是虚拟现实的精髓，构成了著名的虚拟现实三角形（图 3-1），强调了人在整个系统中的主导作用。另有学者总结了虚拟现实的两个其他特征：多感知性和自主性。多感知性，即虚拟现实系统能全面地感知通道和获取信息的广度和深度；自主性，即虚拟环境中的对象除了具有几何属性，还应该包括物理、运动等属性，使之依据其内在的属性产生自主运动。

3.2　虚拟现实系统的组成与原理

虚拟现实技术是一系列理论与高新技术的集成，包含计算机图形学、人机交互理论、人类行为学、人体工程学、计算机技术、多媒体技术、人工智能、传感器技术、显示技术以及高速并行的实时计算技术等多项关键技术。虚拟现实是这些技术集成后向更高层次的渗透与发展，是多媒体技术发展的更高境界，能为用户提供更逼真的体验，为人类探索世界、直接观察事物及其运动变化规律提供极大的便利（邹湘军, 2004）。

3.2.1　虚拟现实的系统组成

虚拟现实系统主要由四部分组成，包括计算机、输入输出（input/output, I/O）设备、应用软件及数据库。

在虚拟现实系统中，计算机起着非常重要的作用，可以称为虚拟现实世界的"心脏"。它负责整个虚拟世界的实时渲染计算、用户和虚拟世界的实时交互计算等。由于计算机生成的虚拟世界具有高度复杂性，尤其在大规模复杂场景中，渲染虚拟世界所需要的计算机量级是非常巨大的，因此，虚拟现实系统对计算机的配置要求也是非常高的。

虚拟现实系统要求用户采用自然的方式与虚拟世界进行交互，而传统的鼠标和键盘是无法实现这个目标的，因此需要采用特殊的交互设备来识别用户各类形式的输入，并通过这些设备实时生成相应的反馈信息。目前，常用的交互设备有用于手势输入的数据手套、用于语音交互的三维声音系统、用于立体视觉输出的头盔显示等装备（帅立国, 2016）。

虚拟现实系统的实现，需要很多辅助软件的支持，这些辅助软件一般用来准备构建虚拟世界所需的一些素材。例如，在前期数据采集和图片整理时，需要使用AutoCAD 和 Photoshop 等二维软件和建筑制图软件，也需要用到 3DMax、MAYA 等主流三维软件；而在准备音视频等素材时，则需要使用 Audition、Premiere 等软件。

在虚拟现实系统中，数据库的作用主要是存储系统所需要的各种数据，如地形数据、场景模型、制作的建筑模型等各方面的数据。对于所有在虚拟现实系统中出现的物体，数据库都有相应的模型。

有学者认为虚拟现实就是一种高端人机接口。从技术层面看，虚拟现实是利用计算机和先进的传感设备创建并可以使人与之交互的人工虚拟环境。要实现人与通过技术构建的虚拟环境的交互，除了主体——人之外，还需要包含引擎在内的计算机、系统软件、输入输出硬件设备以及相关技术等。

对于虚拟现实系统的组成，国内外目前还没有形成完全一致的共识，虽有不少学者提出了系统的不同组成，但总体都大同小异，其大多是对美国学者 Burdea 和法国学者 Coiffet 于 1993 年提出的虚拟现实系统的五个典型组成部分加以改进（图 3-2），或

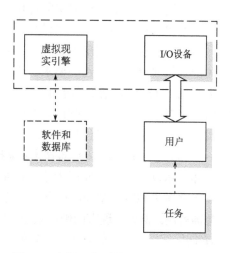

图 3-2　虚拟现实系统五个典型组成部分

者是转换一个角度加以说明和阐述。

　　陆颖隽（2013）认为虚拟现实系统的组成，除了学者 Burdea 和 Coiffet 提出的五个典型组成部分之外，还应该包括检测模块和反馈模块，如图 3-3 所示。这样的系统组成首先考虑的是系统的软件和硬件，两者是互不分离的；其次强调系统的主体——人；最后，由于系统的设计与应用有着非常特殊的关联，应用的侧重点不同，故检测模块、反馈模块、传感器模块、控制模块、建模模块以及模型库都将会有许多变化。例如，如果一个系统着重考虑的是参与者的视觉感知，那么桌面式系统与沉浸式系统就会有很大的不同。

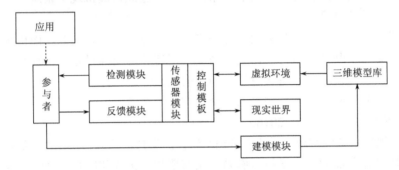

图 3-3　　虚拟现实系统组成

3.2.2　虚拟现实的主要技术和设备

1. 虚拟现实的主要技术

　　（1）动态环境建模技术：虚拟环境的建立是虚拟现实技术的核心内容，应用动态环境建模技术能获取实际环境的三维数据，并且可以根据需要利用获取的三维数据建立相应的虚拟环境模型。

　　（2）实时三维图形生成技术：目前，虽然三维图形的生成技术已较成熟，但关键是如何满足实时性的要求。为了达到实时的目的，至少要保证图形的刷新频率不低于 15 帧/s，最好高于 15 帧/s，并且在不降低图形质量和复杂程度的前提下，提高刷新频率来保证实时性。其中，用于图形生成的硬件体系结构以及在虚拟现实的真实感图形生成过程中用于加速的各种有效技术是关键。

　　（3）立体显示和传感器技术：虚拟现实依赖于立体显示和传感器技术的发展，立体显示以人眼视觉原理为依据，是一项能够传递额外深度信息、全面还原现实场景并带来独特视觉冲击和全新互动形式的技术。目前，这组技术还存在诸多问题急需解决。例如，现有的硬件系统（如头盔显示器、单目镜及可移动视觉显示器等）有待进一步研究，光学显示还存在许多局限性。传感器技术中设备的可靠性、可重复性、精确性及安全性等问题还未解决，各种类型传感器的性能急需提高。

（4）应用系统开发工具技术：虚拟现实技术的最终目的是要面向应用，而通用平台的开发可缩短与应用结合的时间。因此，虚拟现实的开发工具的研究成为必需。目前，常用的虚拟现实系统开发工具有 Superscape 公司的 VRT，是一个可视化平台，允许较高程度的交互和网络处理；Sense8 公司的 WTK，是一个 C 函数库，提供了一个完整的合成虚拟环境的应用开发环境；MultiGen 公司的 MultiGen 系列软件，是一个交互式的图形建模系统；MultiGen-Paradigm 公司的 Vega，可用于实时视觉和听觉仿真，使用简单；SIG 公司的 IRIS Perfomer，是一种强有力的应用程序编程接口（application programming interface, API），用于生成实时可视仿真和其他交互式三维图形；CG2 公司的 VTree，是实时三维图形开发软件包，可以实现视觉仿真、实时场景生成等。

（5）多种系统集成技术：虚拟现实系统的最终集成是必然的，它包含了大量表达信息的模型，必须根据设计意图合理组合。其中，集成技术包括信息的同步、模型的标定、数据转换、数据管理模型、模式识别与合成等。

2. 虚拟现实的主要设备

虚拟现实技术还需要用到立体视觉、彩色眼镜法、立体头盔显示以及裸眼立体显示等设备和技术，其基本原理如下。

（1）立体视觉：当人们的双眼同时注视某物体时，双眼视线交叉于某个物体对象上的点，称为注视点。从注视点反射到视网膜上的光点是对应的，但由于人的两只眼睛相距 4～6 cm，观察物体时两只眼睛从不同的位置和角度注视物体所得到的画面会存在一些细微的差异。当这种视差在传入的大脑视觉中枢合成了一个完整的物体图像时，不但可以清晰地辨别该物体对象，而且能分辨出该物体对象与周围物体间的距离、深度以及凸凹等。这样所获取的图像便是一种具有立体感的图像，形成的视觉感知也是人的双眼立体视觉。

（2）彩色眼镜法：眼镜即我们平常所熟知的 3D 眼镜，它属于被动立体眼镜，主要用于同时显示技术中。它的基本原理是将左右眼图像用红、蓝两种补色在同一屏幕上同时显示出来。用户佩戴相应的补色眼镜（一个镜片为红色，另一个镜片为蓝色）对物体进行观察，这样每个滤色镜片吸收来自相反图像的光线，从而使双眼只看到同色的图像。当然，彩色眼镜法也存在一些缺点，如会造成用户色觉不平衡、产生视觉疲劳等。

（3）立体头盔显示：在观看者双眼前各放置一个显示屏，观看者的左右眼只能看到相应显示屏上的视差图像。该方法主要借助头盔显示器、数据手套等专用设备，使用户可以通过手势、体势、语言等自然方式操作虚拟环境中的对象。其缺点主要表现在单用户性、显示屏分辨率低、头盔重、容易使眼睛具有不适感等。

（4）裸眼立体显示：该技术不需要用户佩戴任何装置，只需要直接观看显示设备，就可以感受到立体的效果。裸眼立体显示技术可分为两类：一类是光栅式的自由立体显示，另一类是全息投影显示。全息投影技术是利用了光的干涉和衍射原理，记录并再现真实物体三维图像的技术。全息投影技术展现的三维图像立体感非常强，具有真实的视觉效果。

3.2.3 虚拟现实的实施步骤

（1）收集素材。首先要完成的便是数据的采集与处理，为虚拟现实环境建模提供素材基础。其中，数据素材主要包括卫星影像数据/航片、高程数据等。

（2）虚拟现实环境建模。TB 级数据经预处理之后导入，并检查地形场景等是否满足要求，再对环境模型进行搭建。

（3）虚拟现实运行程序开发。模型搭建好之后，需要对程序进行开发与测试，测试其稳定性与安全性等，另外还会加入其他操作处理进行美化等。

（4）系统集成。系统搭建测试完成后，需要将其和其他的系统与应用平台等进行集成，搭建一个统一的、具有多源数据的、多功能的虚拟现实环境，从而辅助相关部门进行科学决策。

（5）安装和配置演示环境。最后进入到应用环节，对虚拟现实环境进行安装与配置演示，并指导用户使用。完整技术路线图见图 3-4。

3.2.4 虚拟现实的地表建模示例

1. 地表模型组成

地表模型数据主要包括计算机辅助设计（computer aided design, CAD）数据、数字高程模型（digital elevation model, DEM）数据和卫星影像数据（TIF）（图 3-5）。CAD 数据即矢量数据，是地表建模必须具备的数据。对这几种数据进行集成、融合，并对需要分解的数据进行分解，如道路、地块、景观等。其中，地块还可分解为地表、建筑物地面等，景观又可分解为小品及其他节点和植被节点等。

2. 建筑物建模

当场景中的一个对象距离相机较远时，其能被看到的细节会大量地减少。但利用细节层次（level of detail, LOD）渲染的优化技术，可以渲染未被看到的细节。在物体与相机的距离增加时，能够减少渲染对象使用三角网格的数量。只要所有对象不是同时都距离相机较近，LOD 就能减少硬件的负载，并改善渲染的性能。因此，建筑物模型 LOD 的建立和表达直接关系到三维城市模型的整体显示效率和真实表现力，是三维城市模型的重要研究内容之一。内容定位器（locate content, LC）模型是一种用于进行联机分析处理（on-line analytic processing, OLAP）建模的软件数据模型。在 LC 模型中，OLAP 建模中的维度和度量都有统一的类型，分为非层次维和层次维。

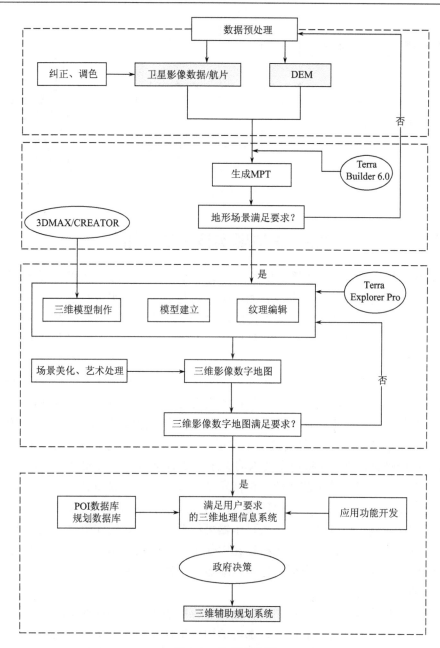

图 3-4　技术路线图

（DEM，数字高程模型，digital elevation model；MPT，一种三维地形数据格式，专为 skyline 软件产品设计，multi-perspective terrain；POI，兴趣点，point of interest）

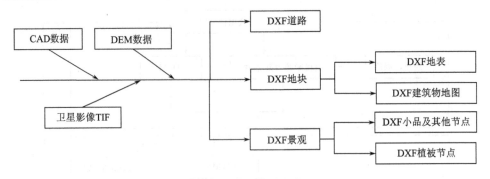

图 3-5　地表模型组成

3.3　虚拟现实技术的应用

在现实世界中，有些环境实现条件过高、费用过大，导致人们难以身临其境。虚拟现实却则能满足这个需求，它能超越时间与空间、现实与抽象，将各种无法接触到的环境再现于人前，为人类发展提供一个新的途径。目前，虚拟现实已被广泛应用于军事、教育、医学、产品设计、训练、建筑、娱乐、艺术等领域。

1. 在军事上的应用

虚拟现实技术最早应用于军事是用来训练战斗机飞行员。飞行员在模拟器中的感觉与在真实的飞机上一样，各种仪器设备也与真实环境一样，这种技术的应用既不会危及人的生命，也不会损坏"飞机"，是一种理想的训练方式（赵沁平，2009）。目前，美国的虚拟现实技术不仅用于作战计划、战场准备，还用于对新型武器的性能评估。使用虚拟现实技术的系统主要有美国陆军的 SIMNET 坦克训练系统，它能模拟坦克的全部特性，包括导航、武器、传感器和显示等；还有美国海军的 ASW 潜作战系统。虚拟现实技术另一典型的案例就是用虚拟现实技术设计波音 777 飞机。设计师借助头盔显示器可以穿行于设计的虚拟"飞机"中，去审视"飞机"的各种设计。在飞机设计中使用虚拟现实技术，一方面可以减少建造实物模型的经费；另一方面，也可以缩短飞机研制的周期。

2. 在制造工业中的应用

虚拟现实技术在制造工业中具有巨大的应用潜力，从初期的市场调查到中期的加工产品乃至后期的售后服务，都可运用虚拟现实技术来实现。近年来，许多国家均已在虚拟制造领域开展了研究与应用，主要包括产品外形虚拟设计、产品布局虚拟设计、产品的运动和动力学仿真、热加工工艺模拟、加工过程仿真、产品装配仿真、虚拟样机与产品工作性能测评、产品的广告与漫游、企业生产过程仿真与优化以及虚拟企业的可合作性仿真与优化等方面。

3. 在建筑与城市规划中的应用

虚拟现实技术的引入，允许设计者在建筑设计阶段就以可视的、动态的方式全方位展示建筑物所处的地理环境、建筑物外貌以及各种附属设施，使人们能够在一个虚拟的环境中，甚至在还未建成的建筑物内外漫游（史慧珍等，2008）。因而，虚拟现实技术是建筑规划方案设计、装修效果展示、方案投标、方案论证及方案评审的有力工具，在建筑设计业、房地产业和建筑装修业等领域有着广阔的应用前景。

4. 在娱乐中的应用

娱乐是虚拟现实技术应用最活跃的一个领域，包括参与聚会时的桌面游戏、公共场所的各种仿真等。基于虚拟现实技术的游戏主要有驾驶型游戏、作战型游戏和智力型游戏。诸多游戏都是联网的，从而允许多人同时进入一个虚拟世界游戏，相互之间展开竞争，或者与计算机虚拟对手进行竞争。

5. 在医学中的应用

虚拟现实技术可用于各种医学模拟，使其对医学领域产生的影响逐渐加大。例如，为医学院的学生提供人体解剖仿真；利用虚拟病人学习解剖和手术；医生利用虚拟病人练习比较复杂的手术，然后将练习的成果运用于实际手术之中。

6. 在教育中的应用

将虚拟现实技术应用于教育可以让学生身临其境地游览海底、遨游太空，甚至深入原子内部观察电子的运动轨迹和体验爱因斯坦的相对论世界，从而更形象地获取知识、激发思维。

7. 在物流中的应用

随着物流的远程化和国际化，物流的流程跨越若干国家、若干种运输工具，经过若干种变化后，客户对这个过程无法进行实地考察，但客户在进行业务委托时，又不能仅凭情况介绍或录像演示的过程做出最后的判断。在这种情况下，采用虚拟现实技术模拟现实环境，可以使客户直接进入计算机系统虚拟的世界，操纵、演示、观察和分析有关过程的动态数据，以判定此项业务是否可以由该公司承接。另外，第三方物流公司也需要借助虚拟现实系统来分析物流时间、物流成本等，以对是否可以接受客户的要求做出决策。因此，虚拟现实技术在物流行业的应用将拓展该行业的国际合作空间，节约成本，做大做强物流业，促进地方经济的快速发展。

3.4 增城虚拟城市规划仿真系统案例

3.4.1 案例简介

通过虚拟城市规划仿真系统建立起来的三维虚拟城市，是综合利用虚拟现实、

3S、多媒体等技术建立起来的虚拟城市或模拟城市。它可以利用在计算机中所建立的模型、场景和数据来实时地再现真实世界中的任何物体，使得人们能在计算机的虚拟世界里直观地体会到真实世界中的各种感觉。在城市规划与设计过程中，人们能够在一个虚拟的三维环境中，用动态的交互方式身临其境地对未来的城区进行全方位的审视。这是传统的规划设计效果图和预设路径的三维动画所无法实现的。

增城虚拟城市规划仿真系统开发的区域位于广州汽车城范围内，共约 8km²。广州汽车城产业基地重点核心区域内有诸如广州本田等多家大型企业，覆盖的航片有 16 幅，共计 16km²。增城虚拟城市规划仿真系统搭建了一个三维数字化规划仿真平台，以地理信息数据为支撑、虚拟现实技术为手段，实现基于真实三维影像的广州东部汽车城。该系统可以方便快速地模拟城市的不同规划成果，为城市规划和决策者提供参考依据。

3.4.2　数据收集

1. 基础数据收集

（1）航空影像：高精度航空影像（2008 年航拍的数字航空影像，空间分辨率 0.16m）。

（2）数字化矢量地图：比例尺 1∶2000。

（3）地名数据：从 1∶2000 或 1∶1 万地形图中获取。

（4）房屋测绘数据：1∶500 数字化测量。

2. 其他数据收集

（1）建成区建筑物纹理：JPEG 或 TIF 格式（尤其是标志性建筑）。

（2）兴趣点（POI）数据：具有坐标定位、属性信息、图像信息、视频信息等。

（3）地物编码：与国家地理要素的编码尽量保持一致，并归类分层。数据编码应按照 GIS 主流软件空间数据组织方式，以便数据交流和共享。

3.4.3　设计开发

（1）利用三维地形生成软件 Terra Builder 构造真实世界的地形模型，并将道路、河流、湖泊等自然与人文景观叠加到 MPT 地形中，统一生成三维地形模型。

（2）在.net 平台上，利用三维 GIS 软件 Skyline 系统软件开发包，建立系统的三维显示框架程序。

（3）在.net 平台上，利用三维 GIS 软件 Skyline 系统软件组件开发接口实现各种信息的二维查询、测量等一系列功能，以及二维与三维的交互性查看、漫游，并实现二维地图与三维场景的相互响应。

3.4.4　系统功能

1. 系统功能简介

（1）三维仿真交互浏览与漫游。通过三维实时仿真的方式，系统将规划目标的过去、现在和未来呈现出来，从而引导用户进入真实感和可视化的交互式环境，使系统具有生动、直观、交互等特点。

（2）规划信息动态查询与分析评估。借助系统提供的三维可视化环境下的规划信息查询、分析和统计功能，系统用户可以详细研究目标区域的土地、道路、交通等有关情况，同时可查阅了解相关经济文化信息。

（3）规划成果展示与评审。系统以三维可视化方式展示规划成果、直观表达设计思想，有利于加强各环节各层面的沟通，并提高决策的科学性；设计者通过将设计方案放入三维虚拟场景中，观察方案的合理性及同周边事物的和谐性来对系统进行评审。设计者也可调入不同的方案进行比较，从任意视点、任意视角观察方案，研究实施过程及其效果。

（4）二维导航功能。以电子地图的形式实现二维导航功能：在二维导航电子地图上，系统用户可以实现地图的放大、缩小、平移，以及查询基本信息等功能；在二维电子地图上选取某区域时，可展现此区域的三维虚拟场景。

（5）三维标绘功能。不同级别的系统用户可以在三维虚拟场景中对感兴趣的地物进行三维标绘，具体见表 3-1。

表 3-1　系统功能简介

功能	描述	关键技术
数据输入输出功能	原始二维数据加载、数据导入、查询统计结果输出和栅格图像输出等功能	支持 CAD 数据加载，模型库的使用
动态规划功能	主要对三维建筑物进行形状修改及属性编辑	对现有建筑模型支持更灵活、更方便地编辑，以满足规划审批需求
经济指标计算功能	填挖土石方量计算、建筑密度计算、容积率计算	—
生态指标计算功能	日照投影加载、日照投影动态模拟、绿地占用量与绿地率计算	计算出任意建筑物每天的日照总时间及日照时间段
社会指标计算功能	人口搬迁量计算、总拆迁量计算、拆迁成本依据计算	采用叠加分析
三维空间分析功能	等高线绘制、坡度量测、距离量测、面积量测、坡度图绘制、缓冲区分析、通视分析	使用缓冲区分析解决道路拓宽、公共设施服务、污染源影响等问题
网络发布功能	通过浏览器来浏览城市三维信息，并实现必要的规划应用	—

2. 系统功能展示

1）模型设计编辑

在实现虚拟现实世界的过程中，需要构建大量的模型以提高对现实世界的模拟度，但是这些模型通常都大同小异，只有形状与大小上的差别。为了提高工作效率，通常都需要对案例进行编辑，如进行侧向、竖向的拉伸以及建筑物的切割处理等，从而提高建模效率（图 3-6）。

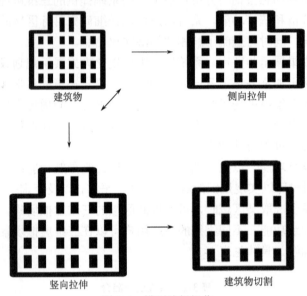

图 3-6　模型编辑操作

2）容积率计算

容积率计算流程如图 3-7 所示。

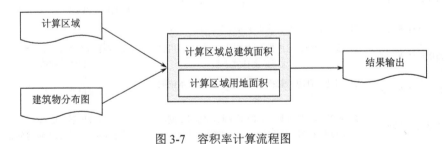

图 3-7　容积率计算流程图

3）日照分析

因日照分析在城市规划中发挥的作用，在系统建成之后，我们可以利用此功能对当地进行日照分析。例如，规划中存在的建筑物是否严重影响了周边建筑的采光，影响的区域有多大，如何调整建筑物的高度才不会影响周边建筑物的采光等问题，都可以通过系统提供的日照分析功能得到很好的解决（图 3-8）。

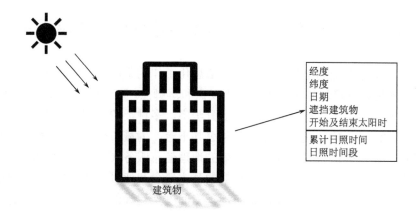

图 3-8　日照分析

参 考 文 献

邓志东, 余士良, 张杨, 等. 2006. 通用虚拟现实软件开发平台的研究及其应用. 系统仿真学报, (12): 3438-3443, 3458.

陆颖隽. 2013. 虚拟现实技术在数字图书馆的应用研究. 武汉:武汉大学博士学位论文.

史慧珍, 党安荣, 迟伟. 2008. 虚拟现实技术实时辅助城市规划设计研究. 地理信息世界, 6(5): 61-66.

帅立国. 2016. 虚拟现实及触觉交互技术:趋势与瓶颈. 人民论坛·学术前沿, (24): 68-83.

赵沁平. 2009. 虚拟现实综述. 中国科学(F 辑:信息科学), 39(1): 42-46.

赵沁平, 周彬, 李甲, 等. 2016. 虚拟现实技术研究进展. 科技导报, 34(14): 71-75.

邹湘军, 孙健, 何汉武, 等. 2004. 虚拟现实技术的演变发展与展望. 系统仿真学报, 16(9): 1905-1909.

Burdea G C, Coiffet P. 2005. 虚拟现实技术. 2 版. 魏迎梅, 栾悉道, 等译. 北京:电子工业出版社.

第4章 地理空间框架与公共服务平台建设应用

数字城市地理空间框架是城市其他信息化工作的基础。它以地理信息数据为基础,以满足政府管理和决策需求为出发点和落脚点,充分运用 RS、GNSS、GIS和计算机网络等技术,构建多尺度、多分辨率、多种类的地理空间数据体系(邓轶和赵红, 2011),建立统一的地理信息公共平台,为城市建设和管理、政府宏观决策及社会公众提供完善、优质、有效的地理信息服务(王军等, 2008)。

本章首先从数字城市地理空间框架的基本概念和建设现状出发,分析现阶段数字城市建设存在的主要问题,说明地理空间框架建设的重要意义;然后阐述数字城市地理空间框架建设的内容,包括基础地理信息数据库建设、数据存储方式设计和数据库符号设计,以及地理信息公共服务平台的构建等;最后通过多个案例介绍数字城市地理空间框架的应用。

4.1 概　　述

4.1.1 基本概念

数字城市地理空间框架,是基础地理信息资源以及其采集、加工、分发、服务所涉及的政策、法规、标准、技术、设施、机制和人力资源的总称,是以公共服务为导向的国家空间信息基础设施,由基础地理信息数据体系、数据目录与交换体系、政策法规与标准体系、组织运行体系和公共服务体系等构成。其中,基础地理信息数据体系是数字中国地理空间框架的核心,也是国家自然资源和地理空间基础信息库的主要建设内容。在建设数字城市地理空间框架过程中,应用服务是宗旨,共建共享是关键,基础设施是支撑,政策法规标准是保障(邓力, 2010)。

数字城市地理空间框架即空间信息基础设施,是城市信息化不可或缺的、基础性的、根本性的信息资源,是数字城市建设的核心内容。其目的是为"数字城市"提供统一的、权威的地理空间信息公共平台,为各部门的分散数据建立一个统一的标准,实现城市信息资源的整合和共享,避免重复建设,同时有效地解决现在存在的诸如多套地理坐标系和各种地图的差异等问题,使城市信息化在高起点上健康发展。在建设数字城市地理空间框架过程中形成的准确、丰富的基础地理信息,在促进社会经济发展、工业与信息化进程中发挥着重要的作用,同时也是智慧城市建设的重要"底板"。

4.1.2　建设现状

自 1998 年美国副总统戈尔提出"数字地球"的概念之后,中国政府和学者认识到数字地球战略将极大推动国家信息化产业和经济社会的发展。1999 年,北京率先明确提出"数字北京"计划(彭能舜,2011),2000~2003 年是我国数字城市建设的起步阶段,虽然我国对于数字城市的研究还处于探索时期,但已受到国内专家代表的极大关注。此时,国内各大城市纷纷召开了关于数字城市的信息化论坛,例如,北京于 2000 年 5 月举办"21 世纪数字城市论坛",参加此次论坛的有 100 多位市长及 100 多家企业代表;上海紧随其后,于 2000 年 6 月召开"亚太地区城市信息化高级论坛",进一步对数字城市的发展战略进行深入探讨;广州于 2001 年 9 月举行"中国国际数字城市建设技术研讨会暨 21 世纪数字城市论坛";2002 年 6 月,以创建电子政府与城市信息化为主题的"第三届亚太地区城市信息化论坛"在上海市国际会议中心举行。数字城市的建设是一个非常复杂的系统工程,通过开展数字城市信息化论坛,可以进一步加深对数字城市建设技术的学习。大多数城市已将数字城市建设规划提上日程。

2006 年,国家测绘地理信息局将数字城市地理空间框架建设作为国家测绘地理信息发展的"牛鼻子工程",其建设目标是在全国范围内选择具备条件的城市,构建数字城市地理空间框架,以推进城市信息资源的有效利用和共建共享。自 2009 年起,国家测绘地理信息局致力于把数字城市建设作为加快构建数字中国的重要内容,全力推动建设,为实现城市全面信息化、构建数字中国打好基础。数字城市的建设由点到面逐渐铺开,我国 311 个地级市已经展开数字城市建设,截至 2012 年 12 月,已有 158 个城市建成并投入使用,还建设了 2000 多个应用系统,惠及国土、规划、房产、公安、消防、环保、卫生等 60 多个领域,在经济社会发展与信息化进程中发挥了至关重要的作用。"十二五"期间,我国全部地级市完成数字城市建设。2015 年 6 月,国务院办公厅批复的《全国基础测绘中长期规划纲要(2015—2030)》里提到: 2020 年基本建成数字中国地理空间框架。

4.1.3　现阶段存在的主要问题

尽管各地数字城市建设的模式不尽相同,但是信息服务的目标和对信息化成果利用的最终目的是一致的。随着数字城市建设工作的不断开展,数字城市地理空间框架建设仍有很多问题需要解决,具体如下。

1. 数据缺乏统一的标准规范

建设数字城市离不开信息资源的交换共享,数据的标准化是数据生产和共享的前提。虽然不同行业在城市基础空间数据的采集、处理、交换、管理等方面建立了一系列工作标准,但由于行业内部分工和侧重点不同,这些标准相互之间存在许多矛盾,不能从根本上解决数据在不同行业之间的共享问题,因此不能作为建设数字城市的标准规范。虽然我国在各地城市的基础地理信息建设方面有比较成熟的标准，但多是面向手工处理的标准，并不能满足地理信息整体数字化的适应性及变化的需求。作为一个多学科交叉、多行业相关、多系统集成的复杂巨系统工程，地理空间框架的建设需要制定一个完整的、能满足数字城市建设的标准和规范体系。特别是在现今国土空间规划的大旗帜下，"一张蓝图干到底"的策略更需要建立标准和规范体系。

2. 数据集成与共享较难

地理空间框架建立过程中往往会遇到数据基准、数据语义、多尺度数据不一致以及数据集成等问题。解决这些问题需要有许多相关的技术手段做支撑。例如，过去常用的北京54坐标系和西安80坐标系与目前常用的2000国家大地坐标系的参数是不一样的。若要将不同坐标系的数据统一使用，则需要解决许多技术问题。信息不能共享，系统之间则不能互联互通互操作。系统往往是各个部门针对特定业务而单独开发的，这种情况下系统与系统之间的关联性较弱，数据的兼容性差，数据格式不统一，使得系统之间难以进行数据交换和共享，更难以满足城市信息化建设的需求。城市间以及城市内部不同部门之间的数据联通不畅，导致数据孤岛的形成（李维森，2011）。

3. 数据的重复建设造成资源浪费

数据的重复建设造成资源的大量浪费，同一数据由于采集部门不同造成的不一致，也给管理带来一定的漏洞，从而造成损失。各部门由于管理的原因，出于对自身利益的保护而不愿对外公开、共享数据，而基础地理信息数据是很多职能部门必要的资源，如果需要各自建设就增加了费用支出，势必会产生不必要的资源浪费。

4. 部门利益导致数据共享壁垒

部门利益会导致部门壁垒，使得数据在各个部门之间流通受阻，造成数据共享困难，并会由此引发以下诸多现象：第一，数据多，但用不上。我国很多生产数据的业务部门，每天都在生产着海量的数据，如卫星遥感影像数据、交通车流监测数据、测绘数据等，但是这些数据并没有做到互联互通，没有共享使用。第二，有数据，但不好用。这主要表现为数据质量问题。在数据制作的过程中，一部分是由专业测绘人员进行采集的，另一部分是部门外包给其他私人公司制作的，这就有可能导致数据质量差异很大，不好使用。第三，有信息，但找不到。缺乏有效梳理与系统化集成，提高了数据收集的综合成本。

4.1.4　地理空间框架建设的重要意义

城市是经济社会发展最活跃、最迅速、信息最丰富、资本最集中的区域，也是对地理信息需求最旺盛、更新速度要求最快、分辨率要求最高的区域。加快推进数字城市地理空间框架建设对于地理信息服务于城市信息化建设、城市科学化管理、方便百姓生活等方面具有积极的促进作用。地理空间框架建设的重要意义包括以下几个方面。

1. 实现数据资源的纵向和横向共享

建设地理空间框架能够真正地打破信息孤岛，实现资源的共享。数据资源的共享包括不同层级部门之间的纵向共享以及不同行业部门之间的横向共享。数据资源的共享可以从国家到省市再到县域，甚至到乡镇，这称为纵向的信息交流；同时，在横向上，把相关的业务部门（如规划部门、农业部门、交通部门、公共事业部门、安检部门、公安部门、环保部门等）的信息连接，才能真正实现数据共享的目的（王华等，2010）。目前，我国地理空间框架建设已经取得了很大的成效。例如，在地理空间数据云、全国地理信息资源服务目录等网站上，用户已经可以获取到的数据有自然资源部的数据、测绘地理信息企业的数据、省级自然资源主管部门的数据、地级市自然资源主管部门的数据、生态环境数据、地理信息数据以及遥感解译数据等。

2. 促进数据的集成和多样化应用

此处通过一张图来说明数据的多样性。"一张图"指国土资源"一张图"工程，是遥感、土地利用现状、基本农田、遥感监测、土地变更调查以及基础地理等多源信息的集合，与国土资源的计划、审批、供应、补充、开发、执法等行政监管系统叠加，共同构建统一的综合监管平台。在这个平台中，所有的数据都是基于统一的坐标系。例如，目前采用的都是西安80坐标系，所有的数据都是在这个基础上搭建起来的，不管是交通部门、消防部门、国土部门还是环保部门，这些部门的数据都要在一个统一的平台上面进行搭建。地理空间数据通常采用分层的组织管理方式，在建立统一坐标的基础上，可以实现一张图的管理模式。当数据实现各级行政部门的横向打通与按规范标准制作的纵向打通之后，所有数据都可以集中到一个平台上进行开发，再通过该平台向不同方向延伸，就能制作出不同的政府管理系统。

3. 提高数据获取的便利性

以前，若用户想要从应用部门获得一些数据，手续是非常复杂的，特别是拥有丰富地理数据的国土部门、测绘部门。若向该部门索要数据，首先需要针对研究区域和数据类型提出申请。因为地图数据涉密，所以提出申请后还需要通过公安部门的认可。在通过公安部门认可后，所提申请还需要国土部门、测绘部门的审核批准，最后签订保密协议。在获得所需数据后，因数据格式不一样，还需要进行数据格式转换才能使用。数据从申请获取到完成预处理，常常要花2～3月时间才能完成。搭建了地理空间数据框架后，多部门的数据得到了有效整合，只需要借助合法的用户身份通过接口进入公共平台就能获取所需数据（图4-1）。如此一来，所需数据在几天甚至几小时就可以被获取使用，大大提高了数据获取的便利性。

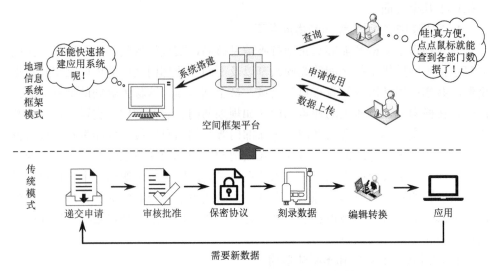

图 4-1　空间框架建设的重要意义：便利

4. 节约数据获取的成本

地理公共服务平台除了给各个应用部门带来便利外，另一个优势就是大大节约了获取数据的成本，为财政部门节省费用。在过去，规划部门、国土部门、环保部门、交通部门等搭建的都是各自专用的基础地理数据服务平台，导致每个部门搭建平台所用的数据存在差异，不能共享使用，从而需要重复投资，常造成资源浪费（张鹏程等，2018）。现在，可以通过统一规划，采用统一标准，共同构建一个统一的地理公共服务平台。因此，在进行数据共享的同时，可以减少国家财政的投入。构建地理空间数据框架之后，各部门可以形成分工采集和更新地理信息的有效机制，避免重复采集数据。除了各单位职责范围内以及专业业务工作过程中产生的信息数据外，其他方面的信息数据均由测绘部门采集、更新，形成地理信息的分工采集以及更新的有效机制。

5. 降低地理信息数据和技术的应用门槛

公共平台提供了大量的数据，包括规划部门、国土部门、环保部门、交通部门等提供的各种平面图、三维图以及其他相关数据，甚至包括老百姓衣食住行的信息，这些数据均可在平台上免费获取。这个平台是一个面向政府、企事业单位和公众的公共服务平台。地理空间框架建成以后，将有效地促进电子政务的建设，通过政务专网为政府各部门提供多尺度的以及在线的二维和三维电子地图服务。绝大部分政府部门的一般地理信息用户，通过为其开发标准、开放的数据服务接口和相应的插件，可以直接在线使用地理信息的数据技术服务，以支撑其相应的专项业务的工作，而不再需要建设专门的地理信息数据库和信息系统，大大降低了地理信息及其技术的应用门槛。

6. 规范相关的数据和技术标准

规范先行，标准规范是公共服务平台建设的一个重要保障。从 2006 年开始，国家陆续出台了较多关于数字城市公共平台建设的编码规则、技术规范、数据标准等文件。在这种公共标准规范的支持下，所生产的产品才是标准的、规范的、权威的、统一的，才能够进行共享。地理空间框架的建设会规范相关的数据和技术标准。通过建设地理空间数据框架，可以避免由技术标准不统一、数据格式不一致、低水平重复建设所导致的问题，如各系统之间难以有效进行跨平台的数据交换、信息资源不能共享、开发利用程度不高等，这对打破"信息孤岛"有着十分重要的意义。

数字城市地理空间框架建设是贯彻落实科学发展观和促进城市信息化的基础工作，是服务于各级政府和社会公众的一项公益事业。数字城市地理空间框架建设将极大地提升基础地理信息资源的更新速率和应用能力；数字城市地理空间框架建设将满足城市政府各部门和社会公众对地理信息的需求，加快城市信息化建设的进程，推动城市经济社会又好又快发展。

4.2　地理空间框架建设

4.2.1　地理空间框架纵向结构

地理空间框架的纵向结构如图 4-2 所示，其整体结构可以比喻为路、车、货、服务。建设地理空间框架，首先要搭建好信息基础设施，即信息的高速公路。只有把路修好了，信息才能畅通无阻地进行传递和共享。信息高速公路包括高速宽带网络、计算机系统、网络交换系统等。其次，是行驶在信息高速公路上的车——空间数据基础设施，主要包括多尺度、多形式的空间数据和地理信息公共平台。此平台上的数据必须是可靠的、统一标准的、精确的，这样才能为社会经济综合信息顺畅流通提供保障。再次，是车上装载的货物——社会经济综合信息。若只有空间数据、点、线、面，而没有各种人文、社会、经济等属性数据这样的"货物"，就如同跑空车一般，毫无作用还浪费汽油。最后，需要把人文、社会、经济等各种各样的数据与空间数据连接、联动起来，才能向政府、企事业单位和公众提供真正有用的地理信息综合服务。

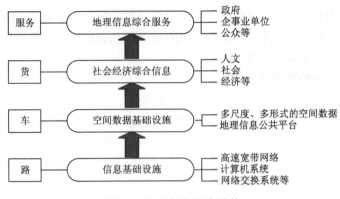

图 4-2　空间框架纵向结构

4.2.2　建设内容

数字城市地理空间框架建设的主要内容包括基础地理信息数据库、地理信息公共服务平台、支撑体系及应用示范系统等四个方面的建设内容（肖建华和谭仁春, 2011）。基础地理信息数据库是地理空间框架的核心；地理信息公共服务平台是地理空间框架应用服务的表现；支撑体系是地理空间框架建设与服务的支撑和保障；应用示范系统是地理空间框架的应用和推广（谭啸, 2010）。接下来的内容主要介绍基础地理信息数据库和地理信息公共服务平台（周迅, 2016）。

1. 基础地理信息数据库

基础地理空间数据（图 4-3）提供了有关自然、人文、经济、环境等要素的几何位置、形态特征和相关关系，使用户可以通过地理坐标或空间位置集成、检索和展示各种城市信息，对空间分布特征、运行状态、变化趋势等进行查询、分析和模拟（张西军等, 2015）。

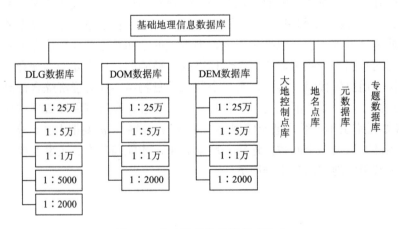

图 4-3　基础地理信息数据库构成

1）大地坐标系统

国家大地坐标系是测制国家基本比例尺地图的基础。中国于 20 世纪 50 年代和 80 年代分别建立了 1954 北京坐标系和 1980 西安坐标系，这两种坐标系在中国经济建设、国防建设和科学研究中发挥了巨大的作用。然而多种坐标系的存在容易造成地理空间信息的混乱，且以上两种坐标系属于局部参心坐标系，精度偏低，难以适应中国经济建设和国防建设的需要。2008 年我国启用新一代国家大地坐标系，即原点位于地球质量中心的 2000 国家大地坐标系。2018 年全国已全面完成基础地理信息数据的坐标转换工作。因此，2000 国家大地坐标系已成为我国当前地理空间框架建设的统一坐标系。

2）基础地理信息数据库内容

数字线划图（digital line graph, DLG）数据。原始线划数据经过数据处理和重组建库后，形成数字线划图入库数据（图 4-4）。各种比例尺和各种时相的数据，获取之后往往需要再次进行处理、重组，将一些陈旧的数据重新注入新的内涵，进行更新、重新绘制和校验。数据处理完成之后，才能算是真正意义上的数据入库。我们常用的地形图、线划图以及矢量图等均属于 DLG 数据。

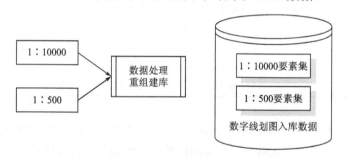

图 4-4　数字线划数据建库

数字正射影像图（digital orthophoto map, DOM）数据。所有从卫星、飞机和无人机上通过拍摄扫描得到的中心投影数据，只有在垂直于摄影中心位置的比例尺才是 1∶1，其余各个方向和距离上的影像比例尺都不是 1∶1。因此，原始的影像数据必须经过测量定向、微分纠正、影像镶嵌、检查入库，才能形成正射影像入库数据。

数字高程模型（DEM）数据。利用 DEM 数据直接建库，形成基础地理信息数据库中的数字高程模型子库，是一种立体等高线图。

大地测量数据库由大地测量数据、管理系统和支撑环境组成，其核心为大地测量数据。大地测量数据的基准包括平面控制基准和高程控制基准（即水准点），其中，平面控制基准包括三角点、GNSS 点。数字城市地理空间框架建设必须规范基础地理信息数据所采用的测绘基准，以保证各类地理信息数据和专题数据的大地基准和高程基准的统一，便于地理信息数据及其服务的广泛推广和深入应用。基准数据经过检查、分析、整理后入库，形成三角点层、GNSS 点层和水准点层。

元数据库：建立数据库级、图幅级、要素级元数据，描述不同层次的数据。

3）数据存储方式

主要包括线划数据分层存储（表 4-1）和栅格数据分块存储两种方式。

表 4-1　线划数据分层存储表

分层	地物类
水系	HYDNT_L（面状水系边线及线状水系类）、HYDNT_S（面状水系类）、HYDLK_L（线状水系类）、HYDLK_P（点状水系类）
控制点	CTRPT_P（控制点类）
居民地	RESNT_S（面状居民地类）、RESNT_L（面状居民地边线及线状居民地类）、RESPT_P（点状居民地类）
境界	BOUNT_S（面状境界类）、BOUNT_L（面状境界边线类）
道路	ROALK_L（道路类）、ROALK_P（道路点类）
铁路	RAILK_L（铁路类）、RAILK_P（火车站类）
地形	TERLK_L（等高线类）、TERLK_P（高程点类）
管线	PIPLN_L（管线类）
植被	VEGNT_S（面状植被类）、VEGNT_L（面状植被类边及线状要素类）
辅助要素	OTHNT_S、OTHNT_L、OTHPT_P
注记	ANOLK_A（注记类）、ANNLK_A（说明类）

在影像数据库中，数据按照分块方式存储，且数据块的划分非常规则，彼此之间没有重叠。该存储方式涉及一个关键技术——地图瓦片管理技术。

4）数据库符号库设计

地图符号按所代表的地面物体或现象的分布状况，可分为点状符号、线状符号和面状符号。地图符号设计应遵循一定的设计流程和规范标准。

5）数据库安全设计

利用数字证书来保证数据库的安全是目前通用的方法。依靠数字证书可以构建一个简单的加密网络应用平台。数字证书如同身份证，现实中的身份证由公安机关签发，而网络用户的“身份证”由数字证书颁发认证机构（certificate authority, CA）签发。只有经过 CA 签发的证书在网络中才具备认证性，这保证了地理空间数据的保密性、安全性。CA 认证技术和密钥管理技术，对于数据安全尤为重要，需要用专门的模型来生成一种称为密钥的文件，需要创建不同用户角色，并对不同角色赋予不同的权限。例如，管理员可以进行数据编辑，而浏览者可以查阅地图数据，不能对地图进行编辑。一般根据用户角色的分配来决定其在系统中的操作权限。

6）基础地理空间数据库功能结构

基础地理空间数据库通常包含基本功能、建库管理功能、数据更新功能、安全管理功能、历史数据管理功能，以及元数据管理功能等，如表 4-2 所示。

表 4-2　基础地理空间数据库功能

功能类别	具体功能	功能类别	具体功能	功能类别	具体功能
基本功能	数据处理	数据更新功能	子库更新	历史数据管理功能	版本管理
	数据编辑		要素更新		数据版本压缩
	数据表达		属性更新		历史数据浏览
	查询统计		其他信息更新		
建库管理功能	导入导出	安全管理功能	用户管理	元数据管理功能	元数据模板定制
	数据质量检查				元数据提取录入
	坐标体系转换		日志管理		元数据更新维护
	图形图像配准				元数据查询检索
	空间索引管理		数据备份		元数据输入输出

7）数字城市基础地理信息数据库

本书团队为江门市搭建了一个基础地理信息数据库，该数据库包括数据预处理、数据入库、数据管理、数据更新、元数据管理和系统管理等功能。

2. 地理信息公共服务平台

对于公共服务平台，首先要提供面向国土测绘部门的专用数据——4D 数据，即 DLG、数字栅格图（digital raster graphic, DRG）、DEM 及 DOM 数据。在基础地理信息数据库建设的基础上，按照一定的标准和规则，对基础地理信息数据进行提取、整合和重组，生成满足政府部门和社会公共需求的地理空间框架要素数据；通过建立要素和瓦片数据的一体化索引，实现多种数据的无缝集成；研制开发网络化的应用服务与运行维护系统，形成唯一的、权威的数字城市地理信息公共平台。地理信息公共平台建设内容主要包括平台数据集成和软件系统开发。

1）地理信息公共服务平台数据

针对不同的应用和保密要求，面向服务的产品数据可分为基础版、政务版和公众版三种形式（图 4-5）（Liu et al., 2014; 杨利娟, 2018）。基础版数据主要面向专业用户；政务版数据主要面向政务用户，该数据的特点是更为细致，即具有对应的高精度地理编码数据；公众版数据主要面向社会公众，该数据的特点是涉密信息已经被过滤掉，因此数据的空间精度也降低了许多。根据数据自身的特点，多个版本可共用一套数据。

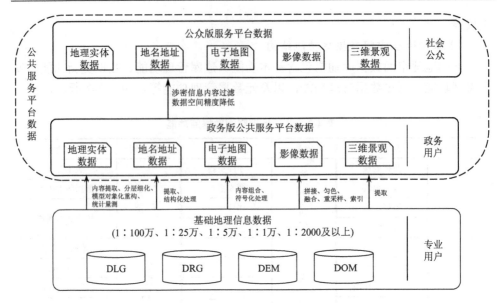

图 4-5　地理信息公共服务平台数据及其用户

2）平台应用模式

梯级平台的应用模式（图 4-6），体现了地理数据获取流程操作由烦琐到简单，数据由政务服务逐渐走向大众的应用过程。

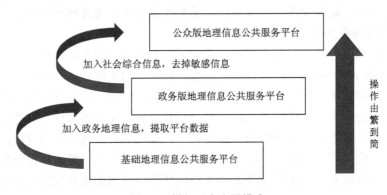

图 4-6　梯级平台应用模式

3）服务产品数据

面向服务的产品数据主要包括在基础地理信息数据基础上通过数据提取、扩充和重组等加工处理形成的框架要素数据、遥感影像数据、数字高程模型数据、电子地图数据、三维景观数据、地名地址数据等，以及其他部门或单位的专题数据、目录和元数据等（图 4-7～图 4-10）。

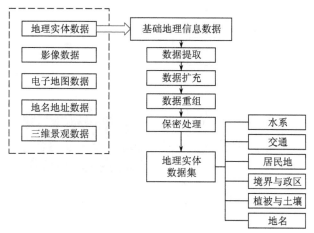

图 4-7　面向服务的地理实体数据

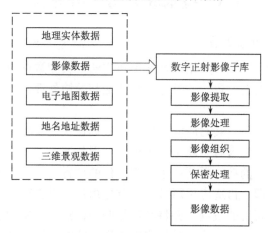

图 4-8　面向服务的影像数据

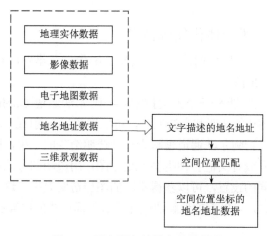

图 4-9　面向服务的地名地址数据

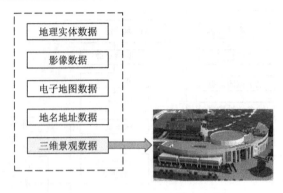

图 4-10　面向服务的三维景观数据

4.3　技术成果与应用案例

4.3.1　自适应的动态更新技术

动态更新是指采用矢量数据的增量更新方法，实测数据通过自动搜索方式获取数据库中相关数据的位置，并进行自动匹配和接边处理。数据需要不断地更新迭代，才能够保证其鲜活性和有效性（张西军等，2015）。特别是在经济发达的地区，城市发展变化很快，其对应的基础地理数据也快速发生相应变化。特别是在一些城市近郊区域，昨天有可能是农用地，今天就变成了工业用地。因此，这就要求我们采用自适应的动态更新技术，将变化的位置自动搜索出来，进行自动匹配以及自动接边处理。自适应更新技术，首先由计算机自动识别出变更的数据、未变更的数据以及新增的数据，并将其进行归类；然后利用动态更新的技术分别构建一个历史库与一个现实库；最后将数据进行匹配。这一切工作均由计算机自动完成。

4.3.2　地图影像三维一体化集成技术

通过坐标转换和控件集成技术实现矢量、影像、三维空间数据在浏览器中的无缝集成（郭海青，2013）。

多元数据的集成常涉及一个关键技术——阿尔法通道（alpha channel）法。阿尔法通道是指一张图片的透明和半透明度，可以理解为 α 射线穿墙使胶片感光的原理。简而言之，可以把阿尔法通道理解为一种透明渐变的效果，即一张图，可以是遥感影像图、矢量图或者其他各种类型的线划图，用透明的方法进行显示，通过对阿尔法通道进行不同的设置，可以获得不同的图层透明效果。这个技术主要应用在多个图层相互叠加时，可以有效地解决因相互叠加而造成的内容遮掩等问题。

4.3.3　多规合一

目前很多部门的规划都是根据本部门的需求来制定的，容易形成行政壁垒，导致规划局做规划的事情，电力局做电力的事情，国土局做国土的事情，联通不畅。因此，在实际地图叠加使用过程中存在诸多矛盾之处，若干问题也涌现出来。多规合一（江峰等，2019）的实施可以很好地解决这些问题。它是利用阿尔法通道法的透明方法，将多个部门的数据，包括规划局的数据、国土局的数据、电力局的数据等，加载到一起进行规划分析。

此处以增城新塘镇为例来说明多规合一的作用。例如，某个区域的电力线、高压线下方是建设用地，将要用于修建房屋。但由于上方高压线的存在，这块区域变成风险高发区，无人敢在此处居住，故而需要对其进行调整。造成这个现象的原因是过去电力局、规划局、国土局等部门未在一个统一的平台上进行规划，因此不能在有限的资源下将建设用地调整成园地或林地，或将林地和园地调整成建设用地。经过有关部门协商同意并做出调整以后，高压线就在林地或园地上，不再对建设用地造成影响。

4.3.4　空间数据共享服务

空间数据共享服务技术的实现，需要拥有共享数据的部门（如国土部门、测绘部门等）与卫生医疗部门、环保水利部门、农业部门、交通部门、电力部门、应急部门和林业部门等进行联动，将所拥有的数据上传到其他部门的平台，并通过全面铺开应用和双向网络链路设计，双向共享部门间的数据，帮助不同部门的数据进行交互（图 4-11）。

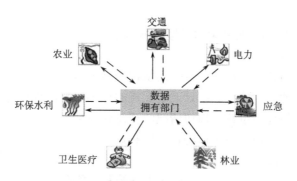

图 4-11　空间数据共享服务部门

4.3.5　数字珠海地理空间框架建设案例

1. 数字珠海地理空间框架建设的核心内容

数字珠海地理空间框架建设的核心内容可归纳为"一库一平台"，即基础地理信息数据库和地理信息公共平台。其主要建设目标是建立基础地理信息数据库，形成珠海市唯一的、统一的、权威的地理信息公共平台，并通过制定相关政策机制和数据标准规范，开发多个应用示范系统，为政府部门和社会公众提供及时、可靠的测绘保障服务，充分发挥地理信息资源的最大效益。

1）建立健全框架、建设政策机制和标准规范体系

珠海市按照国家政策和标准对政府各部门进行了充分调研，根据各层次使用对象的需求，建立了框架稳定运行的政策机制和标准规范体系，保障了数字珠海地理空间框架建设的顺利实施和推广应用，实现了信息畅通、标准统一、资源共享的建设目标。

2）多种类、多尺度、多时相和多分辨率的地理信息数据

数字珠海地理空间框架数据资源包括 1∶500、1∶2000、1∶10000 和 1∶250000 的数字线划图、数字正射影像图、数字高程模型、城市三维模型、地名、地址、兴趣点数据和旅游景区 360°全景数据等，分为基础版、政务版和公众版三种地理信息数据集，分别在不同网络环境下使用时具有数据资源丰富多样、现势性强等优势，极大提升了数字珠海地理空间框架的服务保障水平。

3）全市唯一、统一和权威的地理信息公共平台

平台提供各类标准服务和二次开发接口，将地理信息数据按标准服务的方式集中管理。平台用户可以通过相应授权以在线服务的方式使用各类地理信息数据，还可以按需调用平台的各类服务接口，获得数据访问、定位和空间分析等服务。政府各部门可通过平台对外共享本部门的专题数据，实现信息资源的共享共建和整合利用，避免数据的重复建设和政府资金的重复投入，提高政府办事效率和服务质量。

2. 数字珠海地理空间框架的典型应用示范

1）三旧改造监管管理系统

三旧改造部门通过该系统可以全面掌握全市旧城镇、旧厂房、旧村庄的空间位置分布情况，搜索、定位和统计改造图斑的详细信息，也可通过系统方便快捷地查看申报项目的地理位置、周边情况、开发建设情况、土地利用现状和土地规划等信息，提高了三旧改造工作的科学性和规范性。

2）地名信息管理系统

系统结合民政部门地名信息、管理业务流程，提供在线地名申报审批功能，实现地名日常管理。同时为政府和社会公众提供行政区划、居民点建筑物、单位、道路、河流等 12 类地名信息服务，实现了图文并茂一体化的地名查询、检索和定位功能，极大地提高了地名管理的高效性和地名服务的便捷性。

3）污染源在线监控系统

系统集成废气监测、废水监测、空气质量监测、地表水监测和地下水监测五

个模块，为环保局提供对各种污染源实时监测数据和分析数据的功能。通过该系统，环保局不但能够掌握全市污染源的分布情况，还可以实现污染源定位、监测数据管理、空间数据浏览、空间量算、污染源实时信息和历史信息检测、设备反控、数据补登、数据报表等功能，为环境监控工作提供有效的技术手段和准确的数据支持。

4）公众服务平台

利用该系统提供的多样化查询定位工具，社会公众可以通过矢量电子地图、影像图、三维地图，方便快捷地查询到政府机构、公共服务公司、企业、交通运输、休闲娱乐、旅游服务等总共 12 类、16 万多条地址数据和 3 万多个兴趣点信息。通过系统提供的道路出行工具，市民可以规划出行线路，还可以通过热点搜索功能，快速地查找到附近的所有餐饮、酒店、旅游景点等热点信息，为社会公众带来信息时代生活的新体验以及便捷和高效的服务。

3. 数字珠海建设特色

1）数据资源多样、高度集成

通过对珠海市现有的基础地理信息数据整理建库，有效地融合了公安、民政、环保等部门的专题数据，建成了多种类、多时相、多尺度的地理信息数据体系，实现了数据高度集成化管理。其中，1∶500 数据覆盖珠海中心城区，1∶2000、1∶10000、1∶250000 数据覆盖珠海整个陆地区域，影像数据分辨率高达 0.2m，为珠海市经济社会建设提供了高精度基础数据保障。

2）三维数据丰富、应用广泛

城市三维模型数据范围为 149.4 km^2，实现了对珠海市主城区和主要建成区的覆盖。三维建模按照分批建设和逐步实施的原则，率先对城市重点区域进行精细建模。三维模型数据是一种重要的基础空间数据，它可以在规划领域中为城市建设重大项目论证和决策提供直观、准确的可视化三维空间信息，从而提高政府部门决策的效率；在房产管理中通过三维建模数据可查看数字全景模型、沙盘虚拟样板房、数字三维户型透视、房产权属等信息，其强大的三维图形界面使房产管理更为直观方便；三维建模数据还可应用于地下管线精细管理、防灾、应急等多个领域，创造更多的经济效益和社会效益。

3）政策机制完善、标准健全

珠海市遵照现有的国家政策和标准文件，建立了一套保障框架稳定运行的政策和标准规范体系，并成立数字珠海地理空间框架信息服务与发展中心，专职负责框架运营维护和数据更新，为数字珠海地理空间框架项目建设的顺利实施和推广应用提供了有力保障。

4）数据更新及时、应用安全

珠海市高度重视基础地理信息数据的更新，通过实施珠海市基础测绘"十二五"规划实现珠海市中心城区 1：500 数据全覆盖和全市 1：2000 数据的更新。基础地理信息数据严格按照国家相关政策要求，立足数据应用安全，采用国家认可的保密处理技术，形成了分版运行的数据集，有效解决了基础地理信息保密与应用的矛盾。

5）应用模式多样、架构灵活

基于中国土地勘测规划院自主研发的 NewMapGIS 软件平台，其扩充性强，提供了直接应用、定制应用、标准服务、内嵌调用和零码组装等多种应用模式，支持新系统的快速搭建和已有系统的无缝衔接，全面满足各类用户需求。项目顺利完成了面向国土、民政、环保、住规建局等部门的应用，为政府各部门提供了"一站式"在线地理信息服务。

参 考 文 献

邓力. 2010. 数字城市地理空间框架旅游公共服务体系设计. 测绘工程, 19(5): 53-56.

邓轶, 赵红. 2011. 数字城市地理空间框架建设研究. 测绘通报, (9): 74-76, 79.

郭海青. 2013. 数字城市地理空间框架建设项目三维城市模型建设技术研究. 测绘通报, (4): 86-87, 96.

江峰, 石善球, 张璐, 等. 2019. 基于地理空间框架的"多规合一"信息平台设计与实现. 现代测绘, 42(5): 18-21.

李维森. 2011. 浅析数字城市地理空间框架建设中的创新. 测绘通报, (9): 1-5.

彭能舜. 2011. 数字城市地理空间框架公共服务平台的研建. 长沙: 中南大学硕士学位论文.

谭啸. 2010. 数字城市地理空间框架建设基本思路的探讨. 测绘与空间地理信息, 33(2): 156-159.

王华, 陈晓茜, 祁信舒. 2010. 试论数字城市地理空间框架在城市规划中的应用. 地理空间信息, 8(2): 1-4.

王军, 邓开艳, 戴建祥. 2008. 城市基础地理空间框架平台建设研究. 测绘与空间地理信息, 31(1): 35-38, 42.

肖建华, 谭仁春. 2011. 建设数字城市地理空间框架促进地理信息资源共建共享. 城市勘测, (6): 5-8.

杨利娟. 2018. 数字城市地理空间框架中市县一体化公共服务云平台的设计与实现. 测绘通报, (5): 147-151.

张鹏程, 何华贵, 张珊珊, 等. 2018. 数字广州地理空间框架与智慧广州时空信息云平台建设. 城市勘测, (2): 10-13.

张西军, 张志文, 石勇. 2015. 地理信息公共服务平台数据更新技术——以数字沈阳地理空间框架为例. 测绘工程, 24(11): 76-80.

周迅. 2016. 数字城市地理空间框架设计. 科技资讯, 14(4): 6-7.

Liu R, Liu Y, Huang Z. 2014. Research on the digital city geospatial framework construction. Applied Mechanics and Materials, 2987: 513-517.

第 5 章　城市网格化管理

城市网格化管理是一种新兴的现代化城市管理模式，它依托集中的城市管理平台，运用现代的信息化技术手段，将城市辖区按照现状管理、属地管理、地理布局、方便管理等原则划分成一个个细小的单元网格，并将各网格内的经济、巡警、城管、环卫、城管人员之间的联系、协作、支持等内容以制度的形式固定下来，形成新的城市管理体系，以提高城市的管理水平和管理效率。

本章首先从传统城市管理中存在的问题出发，分析其解决途径；其次，详细阐述城市网格化管理的概念及相关技术，包括城市网格划分与编码规则、城市管理部件与事件、地理编码技术以及城市网格化管理的基本过程；再次，从建设内容、建设阶段性、网格化城市管理的核心功能等方面介绍城市网格化管理系统的相关内容，并以北京市东城区和广州市萝岗开发区为案例介绍城市网格化管理的具体应用；最后总结城市网格化管理的优势及发展趋势。

5.1　传统城市管理存在的问题及网格化管理的提出

城市管理是城市发展的永恒主题。自改革开放以来，我国的城市建设经过了一个飞跃式的发展历程，城区面积不断扩大，人口数量激增，高楼大厦大量涌现，高架、地铁和轻轨等立体交通体系不断完善，这些现象使得城市的发展呈现出一派繁荣的景象。但城市管理理念的滞后始终与飞速发展的城市建设事业之间存在一定的矛盾，这成了政府管理部门和市民心中的"痛"。因此，如何对城市进行有效的管理成为管理者不断探索的主题。

我国的城市管理理念经历了从"重建轻管"到"建管并举"，再到"建管并举，重在管理"的进步过程，其重心越来越向管理倾斜。但是，这些管理理念的进步，始终未能摆脱被动管理的方式。基层政府部门之间缺乏有效的协调机制，各自为政和分散的管理模式使得各部门之间难以形成有效的合力，导致一些城市管理部件、事件问题始终得不到有效的解决，也致使老百姓投诉不断，或者投诉无门。在这一背景下，一种新型的城市管理模式——网格化管理于 2004 年兴起，并逐渐在全国大中城市风靡。

下面从三个方面具体阐述传统的城市管理中存在的矛盾及解决思路。

1）高速的城市发展节奏与精简的城建管理机构之间的矛盾

随着城市化进程的逐步加快，城市基础设施水平不断提高，城市功能不断完善，城市环境不断改观，大量人口涌入城市，城市规模不断扩大，城市形成了"大社会"。然而，政府职能部门的人员越来越少，政府的行政职能不断缩小，形成了"小政府"。"小政府"如何管理"大社会"成为当前政府部门面临的一个主要问题。第 4 章提到的"一张图"工程便是一种解决方案，管理上的成本是否能用信息化的手段去节省值得思考。

2）不断深化的整体信息共享要求与分散的信息化建设之间的矛盾

现实生活中，应急事件的处理往往需要多个部门的参与，例如，火灾、煤气管道爆炸或者电线燃烧，参与处理的部门包括消防部门、房屋管理部门、公安部门，以及与电线有关的电力部门等。然而，以往这些部门的管理是分散的，每个机构之间是相互独立的，每个部门的业务数据也是相对独立的。在这种情况下就需要政府建立数据中心和应急指挥平台，即所有部门能够通过一个集成的平台来统一管理。

3）领先的信息技术创新与滞后的管理体制改革之间的矛盾

近几十年来，许多城市逐渐将计算机技术、遥感技术、全球导航卫星系统技术、地理信息系统技术、互联网技术等作为现代城市管理的重要手段。但是以往管理部门的管理体制仍然相对落后，管理手段也是较为常规的，真正用到信息化技术的地方并不多。例如，一个井盖丢了，一般路人看到后并不会选择打电话，也不知道往何处打电话告知管理部门。而管理部门的检查人员可能几天之后才发现，然后再打电话告知 110 或者一些城市管理部门等。这些过程可能会花上十几天，而那个井盖依然无人处理。因此，这种管理体制无法为城市提供高效的服务。于是城市网格化管理便应运而生，为现代城市管理提供了新的理念。

5.2　城市网格化管理的概念及相关技术

5.2.1　城市网格化管理的概念

学术界对于网格概念的界定是一个不断发展的过程，大致有两种：空间网格和计算机网格。空间网格是人类对网格的最初认识，如网格地图将制图区域按平面坐标、地球经纬线、自然或行政区划的界线等划分网格，并以网格为单元，描述或表达其中的属性分类、统计分级等信息（陈述彭等，2002）。计算机网格是构筑在互联网上的一种新兴技术，它将高速互联网、高性能计算机、大型数据库、传感器、远程设备等融为一体，为科技人员和普通市民提供更多的资源功能和交互性（Foster et al., 2001）。

随着现代信息技术研究和应用的不断深入，空间网格与 GIS 以及空间信息技术相结合，形成了许多新的研究领域，如网格 GIS 、空间信息网格等。无论是网格 GIS 还是空间信息网格都需要用到大量分布于不同空间位置的各种信息和资源，而计算机网格技术强大的资源和信息连接能力及协同工作能力将发挥重要作用。因此，可以认为，空间网格是网格应用的具体表现，而计算机网格则是网格应用的技术核心，二者将会相互作用，相互促进（王喜等，2007）。

城市网格化管理中的"网格"是指在城市管理中运用网格地图的思想，将城市划分为若干个单元，并依据地理网格进行编码（郑士源等，2005）。

城市网格化管理是指集移动通信技术、空间信息技术、地理编码和网格地图技术等于一体的城市管理新模式。城市网格化管理推动城市管理向信息化、数字化和网络化的方向发展，可以真正实现精确、高效、全时段和全方位覆盖的城市管理（刘玲玲等，2013）。在城市网格化管理新模式下，以前城市中经常出现的"八个大盖帽管不了一个挖土机""头痛医头，脚痛医脚"等现象不再延续。如今在一些城市里，居民身边的琐事，如污水井盖损坏、下水道盖丢失、自来水管泄漏、胡同里堆放垃圾等，都能在事件发生两小时以内被上报，并且马上成为政府部门案头的急事、大事，即刻立案处理。

5.2.2　城市网格划分与编码原则

网格是一种地理数据模型，它将地理信息表示成一系列的按行列排列的同一大小的网格单元（张章等，2015）。网格化管理系统构建的第一步便是划分各网格单元，因此需要定义网格单元的划分原则和编码原则，使各网格单元的构建和管理规范化，以便于网格化管理的实施。

1. 网格单元的划分原则

一般而言，网格单元的划分应遵循以下原则。

（1）法定基础原则：应基于法定的地形测量数据划分，其比例尺一般以 1 : 500 为宜，且不应小于 1 : 2000。

（2）属地管理原则：网格单元的最大边界为社区边界，不应跨社区分割。

（3）地理布局原则：按照城市中的街巷、院落、公共绿地、广场、桥梁、空地、河流、山丘、湖泊等地理布局进行划分。

（4）现状管理原则：单位自主管理的独立院落过大时，不应拆分，而应以独立院落为单元进行划分。如中山大学南校区是实体单位，它可以作为一个单独的网格来划分。

（5）方便管理原则：按照划分院落中人们的出行习惯，考虑步行或骑车方式以便于到达。

（6）管理对象原则：兼顾建筑物、城市市政管理对象的完整性，网格的边界不应穿越建筑物、市政管理对象，并应使各网格单元内的市政管理对象的数量大致均衡。

（7）无缝拼接原则：网格单元之间的边界应无缝拼接，不应重叠。

2. 网格单元编码原则

（1）一个网格单元在时间和空间定义上应有一个唯一的编码，网格单元变更时，其原编码不应被占用，新增网格单元按照原有编码规则进行扩展。

（2）网格单元分四类进行编码，依次为市辖区码、街道办事处码、社区居委会码和网格单元顺序码。图 5-1 为采用 4 类共 12 位进行编码，依次是 6 位市辖区码、2 位街道办事处码、2 位社区居委会码和 2 位网格单元顺序码。

（3）网格单元顺序码按从左到右、从上到下的顺序进行编码。

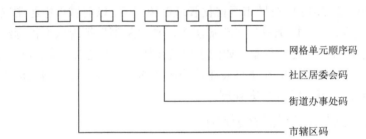

图 5-1 12 位城市网格单元编码结构图

5.2.3 城市管理部件与事件

1. 城市管理部件与编码

城市管理部件指道路、桥梁、水、电、气、热等市政公用设施及公园、绿地、休闲健身娱乐设施等公共设施，以及其他设施（陈柏峰和吕健俊，2018）。在城市化网格管理中，通常把物化的城市管理对象作为城市管理部件和事件进行管理，运用地理编码技术，将城市管理部件和事件按照地理坐标定位到确定的网格单元地图上，并通过网格化城市管理信息平台对其进行分类管理。每一部件往往被赋予一个代码。

1）城市管理部件分类

城市管理部件分为公共设施、道路交通、市容环境、园林绿地、房屋土地及其他共六大类 107 种（图 5-2）。

垃圾桶、凉亭　　　　消防水泵　　　　电线杆

图 5-2 城市管理部件

2）城市管理部件编码原则

城市管理部件代码共有 16 位数字，分为四个部分：市辖区代码；大类编码；小类编码；流水号。具体格式如图 5-3 所示。

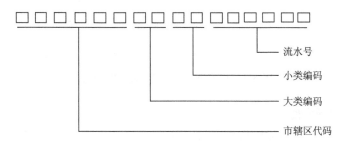

流水号

小类编码

大类编码

市辖区代码

图 5-3　16 位城市管理部件编码结构图

2. 城市管理事件分类与编码

城市管理事件是指人的行为活动或自然因素导致城市市容环境和正常秩序受到影响或破坏，需要城市管理部门处理并使之恢复正常的事情和行为的统称。

（1）城市管理事件分类：市容环境、宣传公告、施工管理、突发事件、街面秩序、市政公共设施、房屋建筑及其他共八大类 88 种（图 5-4）。

道路坍塌　　　　　　　　水管爆裂

电缆井盖损坏　　　　　公共设施损坏　　　　　电线杆折断

图 5-4　城市管理事件

（2）城市管理事件分类编码原则。城市管理事件分类代码采用数字型代码，共有 10 位数字，分为三个部分：市辖区代码；大类代码；小类代码。具体格式如图 5-5 所示。

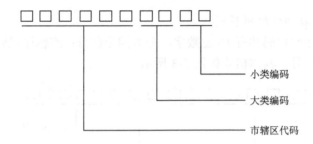

图 5-5　10 位城市管理事件编码结构图

3. 城市管理问题

表 5-1 为城市管理部件与事件对应表。

表 5-1　城市管理部件与事件对应表

部件（对象）	事件
公用设施	损坏、丢失、倒塌、故障（如井盖、路灯、过街桥、厕所等）、管道破裂、老化、泄漏、堵塞、服务中断
道路交通	红绿灯故障、隔离带破坏、标志牌错误、公交站牌丢失
市容环境	乱堆垃圾、施工扰民、道路遗撒、路边烧烤、摆摊、乱贴小广告
园林绿化	侵占绿地、毁树、毁林
房屋土地	乱占地、危房、修缮不及时
其他	违章建筑、建筑物、城市雕塑损坏

5.2.4　地理编码技术

随着地理信息系统在各个行业的广泛应用，行业的工作效率得到了一定的提高，但同时也产生了新的技术需求问题。其中一个问题就是如何根据记录的地址信息快速确定出其地理坐标。例如，在网格化管理中，监督员或市民通过电话或者网络等手段上报问题发生的地址，一般是用文字描述的，如"外环西路 230 号广州大学"，但在使用地理信息系统进行决策时要求处理的对象是具有地理坐标的点位。因此，为了使这些地址能够真正被地理信息系统使用，必须要将这些地址转换为有空间坐标的点位，而地理编码（geocoding）技术正是解决这一问题的方法。

地理编码是基于空间定位技术的一种编码方法，它提供了一种把描述成地址的地理位置信息转换成可以被用于 GIS 系统的地理坐标的方式（陈泽鹏等，2013）。地理编码技术可以用于在地理空间参考范围中确定数据资源的位置，建立空间信息与非空间信息之间的联系，实现在各种地址空间范围内进行信息的整合。地理编码的过程通常包括地址标准化（address standardization）和地址匹配（address matching）。其中，地址标准化是指在街道地址被编码之前所做的标准化处理，将街道地址处理为一种熟悉的、常用的格式，并纠正街道和地址名称的拼写形式等。地址匹配是指确定具有地址事件的空间位置并且将其绘制在地图上。实现地理编码的方式有三种，分别为：定位到街道、定位到区域以及定位到街道和定位到区域的混合使用。

城市网格化管理借助网格地图技术和空间信息技术，将各种类型的城市管理部件在网格中进行有效的整合，运用地理编码技术将城市管理部件按照地理坐标定位到网格地图上，最后，通过管理信息平台对其进行分类管理。无论是什么事件，只要发生了，均可定量、定性地定位到确定的单元网格中。

城市管理部件是城市重要的组成部分，对城市管理部件的科学管理是城市正常运转的重要保障。将二三维城市管理部件点阵分布在系统上，则可以精确定位并及时处理发生的故障。

为了更加方便、快捷、高效率地对城市进行管理，城管通应用系统应运而生。城管通应用系统功能包括信息查询、图片采集、表单填写、位置定位、录音上报、地图浏览、数据同步等，能够实现城市管理巡查信息的现场实时采集与传递以及城市管理问题的报送和反馈。随着数字城市的深入发展，城管通从仅仅由城管监督员应用的城管通，已经演变为包括专业城管执法监察人员使用的执法城管通，而且社会公众也可以下载城管通客户端使用，这样进一步拓展了城管通的内涵和外延，推动了面向创新 2.0 的城市管理模式的再创新（郭喜安, 2009）。

5.2.5　城市网格化管理的基本过程

城市网格化管理的过程可以分为以下六个阶段（陈蓉, 2005）（图 5-6）。

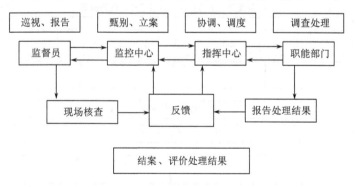

图 5-6　城市网格化管理基本过程

（1）信息收集阶段：城市管理监督员在规定的若干单元网格内进行巡视，发现问题后，通过无线数据采集器上报位置、图片、表单、录音等信息；监控中心接收社会公众的电话举报，并通知监督员核实。如果情况属实，则由监督员上报问题。

（2）甄别、立案阶段：监控中心接收城市管理监督员上报的问题，在立案、审核后，转批到城市管理协调中心。

（3）任务派遣阶段：指挥协调中心接收监控中心批转的案卷，派遣任务至相关职能部门处理。

（4）任务处理阶段：相关职能部门按照指挥协调中心的指令，处理问题，并将处理结果的信息反馈到协调中心。

（5）处理反馈阶段：协调中心将职能部门反馈的问题处理结果的信息批转到监控中心。

（6）核查结案阶段：监控中心通知相应区域的城市管理监督员到现场对问题的处理情况进行核查，监督员则通过无线数据采集器上报处理核查的信息。如上报的处理核查的信息与监控中心批转的问题处理信息一致，则监控平台进行结案处理。

5.3　城市网格化管理系统的建设

5.3.1　建设内容

1. 基础地理信息平台建设

城市网格化管理的核心是政务先行、资源整合、信息共享、急用先行。城市网格化管理建设，首先需要搭建一个公共的基础地理信息平台。通过基础地理信息平台，把建设部门、规划部门、国土部门和其他相关部门的地理信息资源进行整合，形成基础地理信息数据库。通过数据交换和平台共享、该平台就可以为城市管理的各个部门提供决策支持、应急指挥、日常管理、政务服务等（图5-7）。

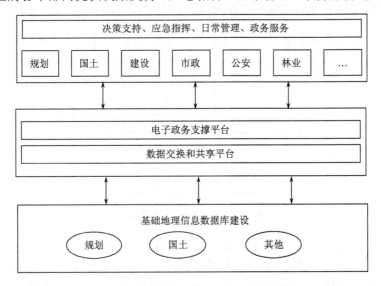

图5-7　共建共享的基础地理信息平台

2. 核心数据库建设

城市网格化管理的核心数据库涵盖了现状的基础图库、规划的成果图、管线的数据库、公共设施数据库、生态环境数据库、社会经济统计数据库等。通过这些数据搭建数字化、网格化基础平台。建库的基本指导思想为：平台要统一；地形地貌（即各种多尺度、多时相的数据）是基础；地籍多用途是核心；道路为纲、管线为网。

5.3.2 建设阶段性

1. 总体建设过程

城市网格化管理总体建设过程主要分为三个阶段（图 5-8）。首先，建设一个城建业务系统协同平台，在该平台上根据统一标准，将规划、国土、建设、市政等数据进行整合；其次，在此基础上搭建数据中心、数据交换的共享平台，在该平台上建设决策/应急库，该库主要为政务管理的日常管理、应急管理和政务服务提供服务；同时，要建设一个综合政务管理系统；在最后阶段，通过政务流程的"再造管理"真正地实现一种网格化的城市管理大平台。

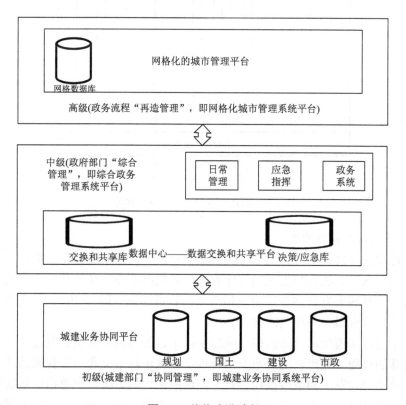

图 5-8 总体建设过程

2. 各阶段的建设内容

1）初级阶段建设内容

在城市化网格管理的初级阶段，需要着手构建城建业务协同系统平台体系。主要内容包括以下几个方面：首先构建信息中心网络、主机平台；在此基础上构建 GIS 数据交换和共享平台，用于数据的交换和共享；再进一步构建规划、国土数据库，用于数据的存储和管理；再在此基础上构建地理信息平台；在数据标准和规划建设的规则下构建一系列平台模块，包括办公自动化系统、规划业务审批系统、规划系统与市局接口、综合管线普查入库系统、国土业务审批系统、建设业务审批系统、市政业务审批系统、档案查询系统、系统管理模块（图 5-9）。

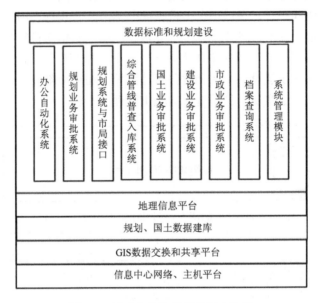

图 5-9　城建业务协同系统平台体系

2）中级阶段建设内容

在地理信息公共平台基础上，需要进一步整合其他职能部门的数据资源，建设以空间、人口、法人和宏观经济库为基础的数据中心，在此基础上形成相对完善的日常管理和突发公共事件应急指挥两套管理体系（图 5-10），以及政府门户网站、其他政府服务等相关的内容。

以下通过轨道交通动态监控及应急指挥平台的案例来说明突发公共事件应急指挥管理的过程。城市轨道交通安全管理，是城市轨道交通运营管理的重要组成部分，轨道交通发生的事故往往会对人们造成重大的影响。应急指挥系统对紧急事件的处置是减少损失、尽快恢复正常运营的重要手段之一，这是城市网格化管

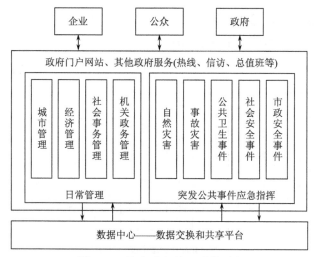

图 5-10 综合政务管理系统平台

理的重要体现。应急指挥系统主要通过无线接入、网络接入、手机接入、视频接入、语音接入等方式,把应急事件接入统一的接入门户(图 5-11),再通过统一应用支撑平台进行处理,并将事件发送给涉及部门。

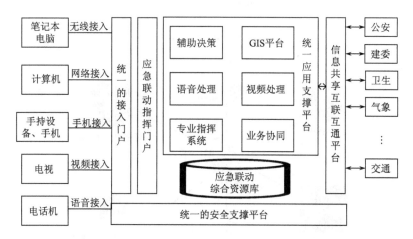

图 5-11 应急指挥系统体系结构图

3)高级阶段建设内容

前两个阶段的建设已经在数字城建与数据中心、决策指挥中心的基础上实现了信息技术与管理体制的创新,高级阶段则是在各种设施数据整理入库的基础上,完成了网格化的城市管理建设规范和网格化城市管理系统的建设。一个网格化的管理系统的搭建,需要分步、分阶段进行,每个部分均不可或缺。数字城建与网格化管理用户中的主体部分为信息中心,管理用户主要包括六部分:公用设施、道路交通、房屋土地、园林绿化、市容设施和其他设施，如图 5-12 与图 5-13 所示。它们协同合作，形成一个应急系统。

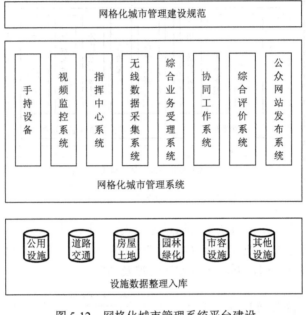

图 5-12　网格化城市管理系统平台建设

图 5-13　数字城建与网格化管理用户

十八届三中全会审议通过的《中共中央关于全面深化改革若干重大问题的决定》提出要改进社会治理方式，创新社会治理的体制，以网格化管理、社会化服务为方向，健全基层综合服务管理平台。自此，网格化在国家政策的鼓励下大范围推行，网格化综合治理平台的建设进入快速发展阶段。很多城市在 2016 年左右开展试点建设。党的十九届四中全会强调坚持和完善共治共享的社会治理制度。网格化社会治理是国家治理体系现代化的重要组成部分。

5.3.3　网格化城市管理的核心功能

1）基础数据

基础数据的功能主要是通过网格员对辖区范围内的人、地、事、物、组织五大要素，进行全面的信息采集管理，收集地理位置、特殊人群、治安信息和消防安全等信息。

2）统计分析平台

统计分析平台的功能主要是对基础数据中的各类数据信息进行智能化的汇总和分析，并制成数字和图形表格的形式，用柱状图和饼状图来显示，具有一目了然，突出重点、全盘分析的优点。

3）地理信息平台

地理信息平台包括电子地理信息平台,支持在二维地图和卫星地图上进行区、街道、社区、小区等信息的标注。通过支持在三维地图上进行区、街道、社区、小区、楼栋、房屋等信息的标注，以及可以自动和数据库的人口等基础数据进行挂接，能够显示所有的楼栋，每个楼栋里的每一户房屋以及户主和家庭成员等相关信息，功能强大。

4）GNSS 定位平台

网格员的定位功能可以实现对手持手机终端网格员的实时位置的监控。指挥中心登录系统以后，选择相应的组织机构，就可以在相应机构的级别下，将相应人员的位置显示出来。

5.4　城市网格化管理应用案例

5.4.1　北京市东城区网格化城市管理

随着改革开放和现代化建设的步伐不断加大，在创建城市管理新模式的过程中，北京市于 2004 年率先推出了城市管理网格化模式，化解了城市管理中的难点和疑点。2004 年，网格化管理在北京市东城区率先实施，这引起了政府部门和学术界的广泛关注。目前，北京市网格化城市管理系统已实现了 16 个区的全覆盖，平均结案率达到了 90.2%以上，并且设立的案件也达到了 5324.6 万件。北京市网格化城市管理倡导全民参与、全民监督,市民可通过 12319 城市管理热线和 12315 非紧急救助服务热线、微信公众服务号、媒体舆情监督、政府领导信箱等多种渠道咨询或举报城市问题，这促使群众参与到城市管理中。2005 年 5 月，在美国拉斯维加斯举办的微软全球移动应用开发合作伙伴大会上，比尔·盖茨特意介绍了中国北京市东城区政府运用移动应用技术支持政府办公，对城市进行网格化管理的措施，并称赞这种城市管理新模式是一项"世界级成功案例"。

北京市东城区自主研发的网格化城市管理模式采用万米单元网格管理法和城市部件管理法相结合的方式，应用、整合多项数字城市技术，创新信息实时采集传输手段，创建城市管理监督中心和指挥中心两个轴心的管理体制，从而实现精确、敏捷、高效、全时段全方位覆盖的城市管理新模式。万米单元网格管理法是指在城市管理中运用网格地图的技术思想，以 $10000m^2$ 为基本单位，将所辖区域划分成若干个网格状单元，由城市管理监督员对所分管的万米单元实施全时段监控，同时明确各级地域责任人为辖区城市管理责任人，从而对管理空间实现分层、分级、全区域管理的方法（陈荣卓和肖丹丹，2015）。

1. 东城区网格化城市管理过程

北京市东城区城市网格化管理的流程，首先由巡查员开机、远程打卡，再进行分块巡查，发现问题后，对该情况进行拍照，并上报监督中心，最后由监督中心对事件进行等级的划分，包括小事件和大事件等。其中，小事件由职能部门的相关企业安排专业人员进行修理，修理完毕后再反馈给监督中心，同时，通知质量评测公司对事件结果进行质量评价，最终事件将结案归档；而重要的大事件则由指挥中心指挥协调给区应急指挥中心、区属的公共服务部门、市属的公共服务部门等相关部门进行相关的处理，再经过"信息收集-案件建立-任务派遣-任务处理-处理反馈-核查结案-综合评价"等闭合工作流程，快速处置事件。

另外，网格巡视员是指运用了现代城市网格化管理的技术，巡查、核实、上报、处置市政工程或者公用的设施、市容环境、社会管理事务等方面的问题，并对相关信息进行采集、分析、处置的相关人员。城市网格管理系统拥有 GIS 空间信息分析的功能，能够对巡查员的位置进行跟踪，同时巡查员的实时位置会在软件中显示，方便统一管理。

2. 东城区网格化城市管理模式运行情况

住在东城区的居民若发现附近存在井盖丢失、露天烧烤、垃圾乱堆乱放、路灯故障等问题，可在 7:00～20:00 拨打投诉热线，直接把问题报告给东城区城市管理监督中心。东城区城市管理监督中心将通过专用网络迅速通知承担城市管理职能的有关部门，这些问题将在一天的时间内得到解决（图5-14和图5-15）。

3. 东城区网格化城市管理模式特点

1) 592 条街道划入管理网格系统

根据网格化管理方法，东城区全区共 $25.38km^2$ 内的 592 条街道的范围被划分为 1652 个网格单元，将原来由每十几个人共同管理 2～5 km^2，缩至每人管理约 2 km^2 的范围。

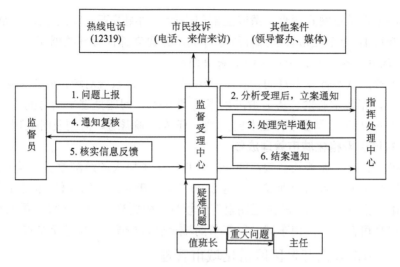

图 5-14　指挥处置中心工作流程图

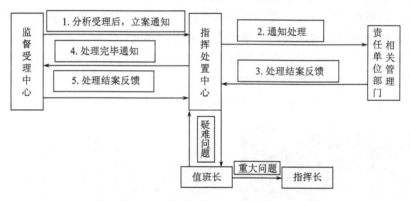

图 5-15　监督受理中心工作流程图

2）城管通检查公共设施

每个监督员都有一部信息采集器——城管通，其外形类似手机，具备接打电话、短信群呼、信息提示、图片采集、表单填写、位置定位、录音上报、地图浏览、单键拨号、数据同步 10 项主要功能，通常情况下，一个监督员骑车 20 min 即可将所辖区域内的所有公共设施全部检查一遍。

3）16 万个公共设施按分类配备"身份证"

东城区将地理编码技术运用到全区的各个公共设施，将城市管理部件按照地理坐标定位到万米单元网格地图上，并通过网格化城市管理信息平台对城市管理部件进行分类管理。该做法相当于把全区的 16 万个公共设施都设置了"身份证"，并配合"万米单元网格管理法"进行管理。此外，东城区对全区所有城市管理部件进行了拉网式调查，请专业部门进行了勘测普查、定位标图，同时按照不同功能对 16 万个城市管理部件进行分类，并建立部件管理数据库。

4）试运行 4 个月，平均 13.5 h 解决问题

据了解，试运行 4 个月的初步测试结果表明，该系统对城市管理问题发现率超过 90%，指挥中心的任务派遣准确率达到 98%，问题处理平均时间为 13.5h，结案率为 94.18%，保证了问题及时发现、任务准确派遣、问题及时处理。

4. 东城区网格化城市管理成效

新模式在产生显著社会效益的同时，也产生了巨大的经济效益。据介绍，以前东城区每平方千米的管理成本高达 2300 万，一年共投入约 6 亿，但老百姓仍然有一连串"投诉没门路，解决无期限"的烦恼。而新模式的技术投入虽然有 1680 万元，但是可在 5 年内使东城区每年节约城市管理资金 4400 万元左右。

5.4.2　广州市萝岗开发区网格化城市管理

1. 广州市萝岗开发区网格划分（图 5-16）

（1）以城市岛为核心，把先调查城市管理部件，后划分单元格作为原则。

（2）在自然村地区，将村管辖范围作为管理单元。

（3）在山地人口相对稀少的地区，则以公里为单位划分网格，或直接把完整的山地、林区、水库、湖泊、绿地作为一个管理单元；对这些区域进行编号，每一个区域对应一个协管员，协管员各司其职，各尽其能。

网格编码属性表

网格编码	性质	面积(平方千米)	初始时间	变更时间	物件数目	管理员	备注
XXXXXXXXXX01	农田	2.509434	20060316		317	王海	
XXXXXXXXXX03	农田	2.178951	20060316		345	赵东	
XXXXXXXXXX	河流	0.648791	20060316		231	乔桥	
XXXXXXXXXX04	住宅	0.009824	20060316		876	彭碰	
XXXXXXXXXX05	工厂	0.501098	20060316		950	李大为	
XXXXXXXXXX06	住宅	0.612345	20060316		884	海南	
XXXXXXXXXX07	工厂	0.530077	20060316		994	董天道	
XXXXXXXXXX08	工厂	0.715721	20060316		986	马立	

图 5-16　萝岗开发区网格划分及其属性表

2. 广州市萝岗开发区网格化管理的创新模式

萝岗开发区的网格化城市管理模式具有以下三个方面的创新。

（1）萝岗开发区有自身的城乡二元化的特点，所以萝岗开发区的网格管理是有自身特色的城乡结合的网格化管理新模式。

（2）开发区提出了先对山地等专题进行大网格的划分。

（3）开发区的网格管理包括：工商、质监、城管、劳动监察、出租屋、计生等，实现了管理部门在基层的统一。

5.5　城市网格化管理的优势及发展趋势

城市网格化管理是一种新型的城市管理模式。其创新之处主要体现在网格化管理中调整了城市管理的流程,克服了原有模式存在的弊端,并通过数字城市的相关技术,采用单元网格管理法和城市部件管理法,充分利用移动通信技术和GNSS 定位技术,真正建立了城市管理的长效机制,最终实现城市管理的网格化、精细化、信息化和人性化。

与传统的城市管理方法相比,城市网格化管理模式在解决城市管理问题方面更具有优势,主要体现在以下几个方面。

1. 极大地提高了城市管理效率

长期以来,由于城市管理体制的不合理与管理方式的不科学以及手段的落后,城市管理与服务方面存在着政府职能缺位、信息获取滞后、管理粗放被动、处置效率低下、监督评价缺乏、长期机制缺失等问题。北京市东城区从 2004 年 4 月开始,利用整合的多项数字城市技术,创建了数字化城市管理新模式。自投入运行以来,政府系统本身对城市管理问题的发现率达到了 90%以上,而过去只有 30%左右;任务派遣准确率达到了 98%,问题的平均处理时间从过去的 1 周左右减少到只要 13.5h;结案率为 94.18%,平均每周处理问题约 360 件,而过去每年只能处理五六百件。这充分说明了网格化管理系统的运行使城市管理水平大大提高了。

2. 降低了城市管理成本

从北京市东城区运行情况可以看出,城市网格化管理模式节约了大量的人力、物力和财力。由于网格化管理员对各个网格进行不间断的巡视,各相关负责部门的巡查人员相应减少了 10%左右,并相应节约了相关负责部门的巡查成本。另外,网格化管理精细了位置、问题,使定位更加精确、任务派遣更加准确,且克服了多头处理、重复处理等弊端,部件事件的处理成本也大为降低。

3. 实现了市民与政府的良性互动

城市网格化管理实现了城市管理从粗放、盲目、落后的方式到高效、敏捷、精确的方式的转变,解决了职责交叉、推诿扯皮、多头管理等“政府失灵”的问题。网格化管理员进入到社区后,深受社区居民的欢迎,社区居民往往会主动将身边的城市问题和生活中的诸多不便告诉网格化管理员,使居民身边的“琐事”通过网格化管理员这个纽带成为政府案头的大事,激发了社区居民参与城市管理的热情,形成了市民与政府良性的互动和共同管理城市的格局,为构建和谐社会打下了坚实的基础。

4. 创立了新的监督评价体系

根据网格化管理的特点,依托网格化管理系统信息平台,可以建立内评价和外评价相结合的监督评价新体系。北京市东城区采用国内首推的"万米单元网格"城市管理模式解决了城市管理的难题，并取得了极大的成功。随后，住房和城乡建设部选择扬州、杭州、烟台、深圳、成都和武汉等几十个城市（区）开展试点，这种城市网格化、精细化的管理方式已在全国推广。上海、唐山、乌鲁木齐、晋江和宝鸡等国内众多城市都进行了城市网格化管理的实践。

　　城市信息化水平的提高，尤其是电子政务系统和地理信息系统的建立，为城市管理模式的改革奠定了技术基础，使得网格化城市管理模式的出现成为可能。随着信息技术在城市公共管理领域的不断发展和深入，城市网格化管理已被作为一种全新的管理模式成功地应用于各大城市的管理实践中，并取得了显著的效果。城市网格化管理的进一步发展，必将带来城市管理体制与机制的深刻变革，这需要从现有的面向职能部门的静态管理体制转变为基于流程的动态管理体制，建立以问题为导向、以流程为基础，通过条块动态协同工作和服务外包来快速处理各类问题的新型体制与机制。

　　未来城市网格化管理的发展趋势主要体现在如下四个方面。

　　1）由被动管理向主动服务转变

　　网格化管理将网格内各项行政执法和管理职能集中在负责该单元网格的管理员身上，激发工作主动性和积极性，使城市管理由原来的被动处理问题转为主动发现和解决问题。将城市划分为若干个网格，以网格内工作量大小、区域面积为依托，给每个网格配置一定数量的管理员和相应的执法装备，将网格内各项行政执法及管理职能集中在负责该单元网格的管理员身上，做到责任明确、任务具体。网格化管理可以从根本上解决城市管理"头痛医头、脚痛医脚"的被动管理模式，改变"谁都负责、谁都不负责"的大锅饭体制，从而把每个人的主观能动性都调动起来。

　　2）由粗放管理变为精细管理

　　网格化管理的推行，使城管部门能及时、准确地了解和掌握各类城市管理问题，使城市管理工作更加细致有效。例如，以往遇到了占道经营、流动摊点、违法建设等违章行为，城管等相关的执法部门联合在一起，对执法相关人员的占道物品进行现场扣押，往往会引来群众的围观和起哄，很难控制现场局面，并且有时候还容易出现暴力抗法，执法效果不佳的现象。推行网格化管理后，可以采用先取证、旁证，再实施行政处罚的方式，这使有关部门能更好地履行相关责任。网格化管理不仅效率高、效果好，而且在执法部门文明执法的同时也节约了执法成本。

　　3）由传统模式变为信息化管理模式

　　当前，城市信息化发展速度增快，各种先进技术与方法也逐渐被应用到了城市管理中。那么，城市网格化管理模式也将由传统管理模式变为信息化管理模式。

网格化管理以信息化为支撑,将街道"块"和部门"条"的管理相结合,并建立指挥、监督两大体系,是及时发现、快速处理、有效解决城市管理问题的一种新模式。

4)由偏重管理变为监管并重

以往城市管理注重对群众、城市管理部件和事件进行管理,如今也会对工作人员进行监督管理。网格化管理改变了以往只重管理,不重监督的情况,采取监管并重的方式,进一步提高城市管理水平。

目前城市网格化管理方法主要包括三种,分别是万米单元网格管理法、城市部件管理法、城市事件管理法。网格化管理系统需要通过整合政府的城市管理职能,建立城市管理监控中心和指挥中心,形成城市管理体制中的"两个轴心",城市管理的监督职能和管理职能分开,各尽其职,各负其责。

参 考 文 献

陈柏峰,吕健俊. 2018. 城市基层的网格化管理及其制度逻辑. 山东大学学报(哲学社会科学版),
　　(4): 44-54.

陈荣卓,肖丹丹. 2015. 从网格化管理到网络化治理——城市社区网格化管理的实践、发展与走
　　向. 社会主义研究, (4): 83-89.

陈蓉. 2005. 游走在数字城市中——体验北京市东城区网格管理新模式. 中国计算机用户, (13):
　　32.

陈述彭,陈秋晓,周成虎. 2002. 网格地图与网格计算. 测绘科学, 27(4): 1-6, 51.

陈泽鹏,吴永静,万宝林,等. 2013. 数字广东地理空间框架建设研究. 测绘通报, (9): 83-86.

郭喜安. 2009. 数字化城市管理相关技术的应用与创新. 城市发展研究, 16(7): 137-138, 132.

刘玲玲,刘承水,史兵. 2013. 城市网格化管理创新思考. 商业时代, (3): 26-27.

王喜,范况生,杨华,等. 2007. 现代城市管理新模式:城市网格化管理综述. 人文地理, 22(3):
　　116-119.

张章,张福浩,陶坤旺,等. 2015. 一种组织机构信息多级地理网格划分的方法. 测绘科学,
　　40(3): 52-56, 20.

郑士源,徐辉,王浣尘. 2005. 网格及网格化管理综述. 系统工程, 23(3): 1-7.

Foster I, Kesselman C, Tuecke S. 2001. The anatomy of the grid: Enabling scalable virtual
　　organizations. European Conference on Parallel Processing. Manchester, UK.

第6章 数字城市与人文社会发展

　　数字城市的建设是信息化时代发展的必然产物,也是城市信息化建设的前提。数字城市涵盖了城市经济、社会、文化的方方面面。从技术角度考虑数字城市的建设,首先城市信息基础设施的建设是基础,其次还包括城市的时间与空间、城市人文社会活动、经济活动等数据的获取与存储、信息的挖掘和提取、信息的应用和反馈、信息的管理和维护等内容。而从社会人文的角度考虑数字城市的建设,那么社会人文要素将贯穿数字城市建设和运作的全过程,数字城市面对的是复杂的人文事项。

　　本章首先从数字城市建设的若干问题出发,分析其产生的根源;其次,提出解决问题的思路,即全方位观测世界,强化侧面看世界;最后,介绍空间综合人文学、社会科学研究进展及其研究方法和热点。

6.1　问题的提出

6.1.1　数字城市建设存在的问题和根源

　　虽然数字城市建设已经取得一定的进展,但仍存在以下问题。

　　(1)为什么数字城市的建设看似红火,但大众对它的熟悉程度较低,认同度也不高呢?前不久,我们前往广东省某县开展有关数字城市建设项目的调研,碰到很多人都在问数字城市是什么?有人说,数字城市是把数字加起来再放进这个城市里,这就是数字城市;还有人把它进行演绎,例如,从高速公路的路口开始做一个牌子代表进入某个县,再往前走一段是 2,一直到县政府就用 8 来代表,也就是用数字来代表各种事物,这就是数字城市。显然,人们对数字城市的认知程度并不高。

　　(2)为什么空间信息的行业应用越来越广泛,但是应用工程的客户满意度却不高?特别是面向社会和市场的工程应用项目效果更差。自 Google Earth 诞生后,这一形势更为严峻。Google 公司利用先进的技术将 Google Earth 建立起来后,有些人不是很了解,就拿它与数字城市的一些工程项目相比较,认为数字城市做得不太好。其实,这种想法是极端化的,但这必须引起我们的思考和高度的重视。人们常问,数字城市的建设项目是不是就是建设一个像 Google Earth 那样的平台,网络有很多类似的软件,在上面可以任意下载所需的资料,进行编辑和查询等。而数字城市建设能否达到那样的水平?若达不到那样的水平还建设什么数字城市？这些问题给数字城市的建设带来了很大的压力。人们并不知道 Google Earth 是利用全世界最好的技术做起来的，却对它很熟悉，这也给数字城市建设造成了很大的压力。

数字城市建设获得大众的认同感较低的主要原因可以总结为以下几个方面。

1）对现实世界观测的视角单一

图 6-1 是数字城市建设中对地理要素的各种表达方式，包括数字线划图（DLG）；数字栅格图（DRG），数字正射影像（DOM）、数字高程模型（DEM）；或者数字高程模型与基础地理要素结合在一起形成的地形图等。这些数据都是从空中对地面观测得到的，观测视角单一，其根源是科学的表达和工程技术的限制。因为用数字的形式去描述地球，需要对它进行严格的定义，即通过地球的投影、转换，每一个点的位置都在地球表面上有精确的定位，所以，在这种模式下的观测视角必然单一。

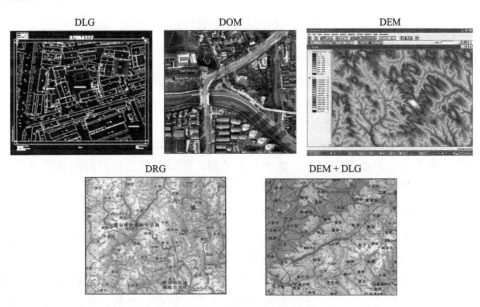

图 6-1　单一格式的地图数据

2）对现实世界的表现不真实、不美观

图 6-2 是对现实世界的虚拟表达，这种表达仍然不够逼真，不能像照片一样给人真实感。对现实世界虚拟表达的描述方法单一，缺乏创新性，与拍摄的照片差异很大，说明虚拟表达技术仍达不到要求，现实中丰富的地理要素没有完全表达出来，对图像的美观性产生了很大的影响。造成这一问题的根源在于数字城市的建设往往重科学，轻艺术、轻人文。

图 6-2　对现实世界的虚拟表达

3）对现实世界的表达缺少人气

数字城市建设通常重视对地理目标、地理环境的表达，但轻视对人的表达，导致在数字城市建设过程中对现实世界的表达缺少人气。

4）缺少对大众具有强大吸引力的产品和社会化问题的研究

受传统思路、传统方法、传统技术的制约，数字城市建设生产出来的产品往往缺乏吸引力。大众不感兴趣，也不会去了解，同时对社会化问题的研究也相对较少，这就导致了大众对数字城市的认同感比较低。

6.1.2　空间信息技术的局限和人文社会学家对它的期望

空间信息技术（spatial information technology）是 20 世纪 60 年代兴起的一门新兴技术，70 年代中期以后，其在我国得到迅速发展。该技术主要基于全球导航卫星系统（GNSS）、地理信息系统（GIS）和遥感（RS）等理论与技术，同时结合计算机技术和通信技术，进行空间数据的采集、量测、分析、存储、管理、显示、传播和应用等。目前的空间信息技术着重表现一些物质的要素，如房屋、山川、河流、道路等，而许多非物质的东西，如哲学、宗教、情感、文化、政治、经济等并没有被包含在系统中，对真实世界来说这样的研究是不完整的。

人文社会学家在看到空间信息技术对空间的强大的表现和分析能力时常常表现出极大的兴趣，希望能通过空间信息技术这个工具来表达人文社会的信息，并给人们提供一个相互交流的平台。用现代科技手段来表现人文社会学研究内涵的要求，以及对拓展空间信息技术应用的需要，促使了"空间综合人文学和社会学"概念的提出和形成。

6.2　解决问题的思路

6.2.1　当前 GIS 发展面临的困境

当前 GIS 发展面临这样的困境：GIS 并未被大众广泛接受，它仍然掌握在专业人员手中，同时也缺乏公众参与意识。究其原因，主要是 GIS 的表达方式并未被社会所完全接受。例如，电子地图将地理对象抽象成点、线、面的形式，缺乏直观性；航空与遥感影像在一定程度上逼真地再现了空间环境，但却是"空中看世界"，有一种"俯视"的感觉；而三维模拟与虚拟仿真通过三维建模、纹理映射等表现现实，却给人一种不真实的感觉。

那么如何才能让大众认同？这需要从人类的空间思维和认知习惯角度去考虑。现实生活中，大多数人观察世界的方式是侧面看世界，大多数人的业余爱好是看电视、阅读、听音乐。这也说明，影视、文字、语音等是大众认识环境的方式，也是一种普及的信息传播方式。

因此，空间信息的应用要从"贵族化"应用向"平民化"过渡，要向实景三维方向发展。例如，车载 GPS 种类很多，尽管在渲染方面已经做了很多工作，但是其地图界面并不美观，仅停留在平面地图这种表现形式。因此，有人提出可以通过提取汽车外面的街景，并通过视频接收器接收，这样在视频上看到的东西跟外面看到的完全一样，就可以产生明显的对照，使得驾车寻找线路和位置变得更加方便。

6.2.2　认识世界和观测世界的载体

认识世界和观测世界的载体是空间数据。它用来表示物体的位置、形态、大小、分布等各方面的信息，是对现实世界存在的具有定位意义的事物和现象的定量描述。根据计算机系统对地图和现实世界的存储组织、处理方法的不同，以及空间数据本身的几何特征，空间数据又可分为图形数据和图像数据。其中，空间数据来源和类型繁多，主要分为地图数据、影像数据、地形数据、属性数据和元数据等。

1）地图数据

这类数据主要来源于各种类型的普通地图和专题地图，这些地图的内容非常丰富。

2）影像数据

这类数据主要来源于卫星、航空遥感，包括多平台、多层面、多种类传感器、多时相、多光谱、多角度和多种分辨率的遥感影像数据，构成了多源海量数据。

3）地形数据

这类数据来源于地形等高线图的数字化，和已建立的数字高程模型（DEM）以及其他实测的地形数据，如卫星拍摄的地球局部地形图、渲染后的 DEM 数据、三维点云形成的三维 DEM 数据等。

4）属性数据

这类数据主要来源于各类调查统计报表、实测数据、文献资料等，如地形图的属性表、地形图的属性检查等内容。

5）元数据

元数据是指在空间数据库中用于描述空间数据的内容、质量、表示方法、空间参考和管理方式等特征的数据，是实现地理空间数据共享的核心标准之一。元数据是表达关于数据的数据、数据域及其关系的信息。简而言之，元数据就是描述数据的数据（余旭，2007）。

6.2.3　树立全方位看世界的空间信息"世界"观

GIS 社会化的基本前提是 GIS 的构建和应用必须符合人类的认知习惯，且得到社会大众的广泛接受与认同。千百年来，人类已经习惯应用特定的认知方式（特别是空间认知方式）来认识客观世界的事物、现象及其关系。

例如，通过素描写景的方式表达环境，从侧面对环境的观察形成了象形文字，以及鸟瞰图；试图从透视角度，反映"空中看世界"的感觉；语音则通过声音的方式传达着对环境的描述，及至后来出现的沙盘技术、照相机等，无不渗透着侧面看世界的烙印。

其中，要强化侧面看世界，就必须要解决侧面看世界的数据获取方法的问题。观察和了解世界的数据获取方法有以下六种。

1. 卫星遥感技术

卫星遥感技术是一门综合性的科学技术，集中了空间电子、光学、计算机通信和地学等学科，是 3S 技术的重要组成部分。卫星遥感以人造卫星为平台，根据作为平台的卫星与地球相对位置的关系，可将卫星分为静止卫星、静止通信卫星和极轨卫星等。

遥感技术的出现，使得人类对环境的观察从地面走向空中，实现了大范围、快速的资源环境信息的获取。通过航空航天遥感、声呐、地磁、重力等对地观测技术，有关地球的大量地形图能够被获取。专题图、影像图等数据，不仅加深了人类对地球形状、物理化学性质的了解，还强化了其对固体地球、大气、海洋环流动力机理的认识，为地球科学的研究和人类社会的可持续发展做出了贡献。然而，这种立足于"空中看世界"的地理空间认知理论的技术方法，并没有将人作为表达对象，显然违背人类的认知习惯。

2. InSAR 技术

合成孔径雷达干涉测量（interferometric synthetic aperture radar, InSAR）是传统的遥感技术与射电天文干涉技术相结合的产物。它利用雷达向目标区域发射微波，再接收目标反射的回波，得到同一目标区域成像的 SAR 复图像对。若复图像对之间存在相干条件，SAR 复图像对共轭相乘可以得到干涉图。根据干涉图的相位值，我们能够得出两次成像中微波的路程差，从而计算出目标地区的地形、地貌以及表面的微小变化。这项技术可用于数字高程模型的建立、地壳形变探测等。

3. 无人机遥感技术

该技术利用先进的无人驾驶飞行器（无人机）技术、遥感传感器技术、遥测遥控技术、通信技术、GNSS 差分定位技术和遥感应用技术，能够实现自动化、智能化、专用化，快速获取国土资源、自然环境、地震灾害等空间遥感信息，且能够完成遥感数据处理、建模和应用分析。无人机遥感系统由于具有机动、快速、经济等优势，已经成为世界各国争相研究的热点课题。如今，无人机遥感技术已逐步从研究开发阶段发展到了实际应用阶段，将成为未来的主要航空遥感技术之一。

4. 数字近景摄影测量

近景摄影测量在工业测量和工程测量中的应用一般称为非地形摄影测量。其中，近景摄影测量是指测量范围小于 100 m，相机布设在物体附近的摄影测量。它经历了从模拟解析到数字方法的变革，其硬件也从胶片相机发展到数字相机。这种观测方式可以多角度地观测一个物体，提供更多的信息量。

5. 航空摄影测量

航空摄影测量是在飞机上使用航摄仪器对地面连续摄取像片，并结合地面控制点测量、调绘和立体测绘等步骤，最终绘制出地形图的工作。空中测量利用飞机或其他飞行器，如气球、人造卫星和宇宙飞船等，并在其上装载专门的摄像机对地面进行摄影，从而获得像片。其中，飞机进行的空中摄影称为航空摄影（李滨等，2013）。

6. 点云技术

点云是通过一定的测量手段直接或间接采集，且符合测量规则，能够刻画目标表面特性的密集点集合，它是继矢量、影像后的第三类空间数据，为刻画三维现实世界提供了最直接和最有效的表达方式。目前，激光点云是最具代表性的三维数据，能用一定的数学算法对点云数据进行滤波、分类、建筑物边缘提取以及建筑物三维重建等数据后处理。通过点云技术，身边的东西能够很逼真地被模拟出来（杨必胜等，2017）。

6.2.4　多方面发展 GIS

1. 三维扫描仪

在测绘中常用到的工具——三维扫描仪，能够解决点云的集成问题，经过数据处理，其实现效果完全能做到与虚拟现实技术一致。侧面看世界的工具还包括各种各样的照相机、摄像机，以及车载的街景获取仪器（图 6-3），这些工具为公众提供了认识地理信息行业的"窗口"。

图 6-3　数据获取工具

图 6-4 为电荷耦合元件（charge coupled device，CCD）摄像机数据获取过程。首先，连续获取 GPS/InSAR 影像信号，然后，通过后台的立体匹配数据库的建立及数据处理，将其拍下的姿态和位置及时转变为影像索引数据库（图 6-5），通过建立这种模式，能够在数据库中快速查到目标信息。

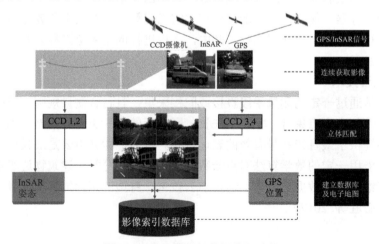

图 6-4　CCD 摄像机数据获取过程

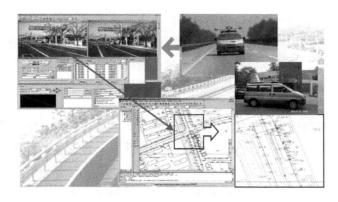

图 6-5 数据采集过程

2. 基于相对控制的影像解析及三维测量方法

张祖勋院士等创建了基于多测站的摄影方法，该方法能够利用获得的视频序列图像进行空间目标三维测量，并且可对单张照片、单帧视频图像进行空间目标的三维测量（图 6-6～图 6-8）。

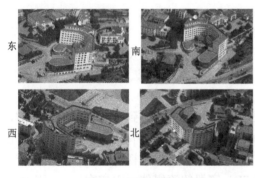

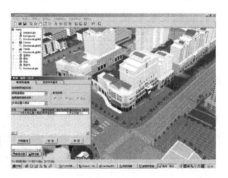

图 6-6 不同角度观测　　　　　图 6-7 现实世界模拟及其属性

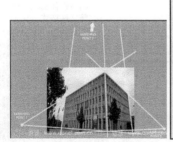

图 6-8 三维测量

该方法强调了四个点的位置关系。四个点的位置关系的唯一性决定了摄像机的位置和照片姿态，不管在任何位置，摄像机都要抓住这四个点。通过这四个点，图形的结构和位置就可以很好地勾勒出来，使得基于数字线划图的摄影测量以及基于空间距离条件的影像解析可以快速获取图形。

3. 发展视频地理信息系统

近年来，视频技术引起了 GIS 领域的关注。视频作为一种常见的大众媒体，本身蕴含着丰富的空间和属性信息，不仅方便获取，而且其表达的地理空间具有很强的真实感，克服了传统二维 GIS 的直观性差、虚拟现实系统建模复杂、航空航天影像具俯视性等不足，同时能够提供易于理解的地理空间信息，这使人们利用信息的方式更加自然。视频地理信息系统已经成为 GIS 领域中一个新的发展方向（闾国年等，2013）。

视频技术与 GIS 技术的融合，不但能更加形象、真实地表达地理环境，形成"侧面看世界"的真实场景，同时能够在必要时进行地物目标的三维建模和分析。这种机动灵活性使得视频 GIS 更加普适化、人性化和智能化，也极大地增强了 GIS 在数据获取和视频浏览、建模分析方面的能力。

1）大众平时干什么？

不管是学生还是公众，他们在日常生活中做的事情，如打电话、观看体育/娱乐电视节目、听音乐、在 QQ 和微信聊天等，这些都为发展视频地理信息系统提供了契机。

2）定位信息与视频信息相融合

实现可定位直播的前提是将空间信息简单快速地融合到视频文件中。目前，国外的做法是通过音频信道去存储空间信息，使得视频具有定位信息。这种方法不仅损失了视频中的音频信息，而且过程复杂且无法提供视频直播。基于高级串流格式（advanced streaming format，ASF）容器的流媒体组织方案，可以在不损失音频的条件下，实现视频、音频以及空间信息的快速融合，形成真正的可定位视频（图 6-9）。具体思路是：将地图数据导入视频数据中，再将视频数据导入电

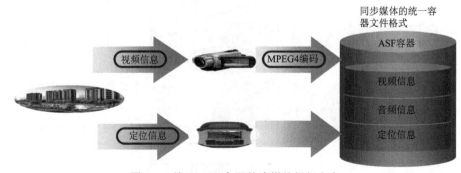

图 6-9　基于 ASF 容器的流媒体组织方案

视机中，就始终能够知道视频所在的地理位置，获得所视即所得的视觉感。但是这种技术研究，并不是想象中的那么简单，该研究比较复杂，需要大量的技术来支撑。

3）自然语言处理

自然语言处理是计算机科学领域与人工智能领域一个重要的研究方向。它研究能够用自然语言实现在人与计算机之间进行有效通信的各种理论和方法。自然语言处理是一门融合了语言学、计算机科学、数学的科学。因此，在这一领域的研究将涉及自然语言及人们日常使用的语言。可见，它与语言学的研究有着密切的联系，又有重要的区别。而在这个领域的研究就是要让人和机器之间有更好的交流，让机器更具人性化（李翠霞，2012）。

比尔·盖茨在他的《未来之路》中写道："您可以亲自进入地图之中方便地找到每一条街道或者每一座建筑"，"总有一天能够让计算机用自然语言与人类进行交流"；他在 2001 年上海交通大学的演讲中说道："未来的计算机应'能看会想，能听会讲'，是一种智能化的结晶"。例如，在智能手机中，有一个"会说话的汤姆猫"应用，不管是男生还是女生，讲河南话还是讲东北话，它都能够非常准确地模拟出来，但是，它不能回答问题，例如，你问它有没有吃饭，它只会问你有没有吃饭，而不会说我已经吃过了，因为它的智能化还没有达到这个程度。自然语言处理就是要解决这个问题。

4）面向"人"的 GIS

现在的 GIS 大多是面向"地"层/面特征的 GIS，在这方面应用得较好，但是，面向"人"的 GIS，从个体到群体再到组织，实际上还存在着很大的空缺（图 6-10）。

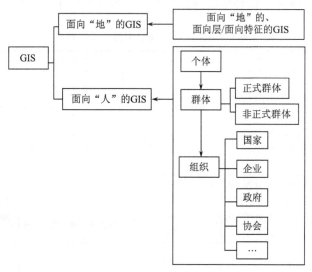

图 6-10 面向"人"的 GIS

从科学发展角度来看，GIS 发展也将更加关注于人地系统。对人来说，GIS 主要研究人类活动的时空规律，包括人的活动规律、能源的消耗、废弃物的排放等；对地球来说，GIS 主要研究地表环境及各类生态系统的时空演化规律，包括植被、沙漠、城市等的格局和功能的变化。同时，GIS 将人类活动的规律和地表各类系统的格局进行耦合，并探索人类活动与生态系统的相互作用和影响机制。GIS 将从更深刻的意义上帮助理解人类和地球的互动，进而为人地关系、时空模拟和协同发展提供建议，为社会发展和科学的进步贡献力量。

6.3 数字城市与人文社会的结合

6.3.1 空间信息学与人文社会联系

空间本身的概念及其地理学意义是随着人类社会的发展而不断变化的，与人类实践是不可分割的。正如 Hvarey（1973）所指出："空间的确切概念问题要通过空间的人类实践来解决"。换句话说，由空间性质所产生的哲学问题取决于人类实践。

信息时代的地理空间可以从地理空间的组织形式、限制因素、特征障碍、地理环境中人的空间行为、距离作用等方面分析，而区别于前期的地理空间（表 6-1）（张捷等，1997）。信息时代的人地关系已经发生了重大的变化，人地关系的联系由简单的物质流、能量流演化为具有物质流、能量流、信息流、资本流、人力资源流、旅游流等多种方式的复合形式。在信息时代，人地关系中的"地"，除了包括传统的自然环境、人文环境和社会经济环境，还包括信息环境、技术环境、资本环境、闲暇环境等多种物质环境以及由计算机网络技术支撑的虚拟环境。

表 6-1 不同时代地理空间类型及其特性

项目	原始人类	农业时代	工业时代	信息时代
地理空间典型形式	生存空间	农业空间	企业空间	技术空间
地理空间的组织形式	生态规律决定的局域空间（patch）	农业生态及农业社会决定的地理区域	由能源、原料（包括矿产）及产品为物质流串联的网络与区域的叠加	高技术网络（互联网、高速铁路、公路等）
地理空间的限制因子	自然环境的个别因子：天然障碍、天然资源限制、天敌、局域环境因子	整体自然环境限制因子：农业资源限制、气候、土壤、水分、自然灾害	自然及社会地理环境因子：人力、工业资源及能源分布不均、距离	社会技术及自然环境因子：落后的地区技术和经济水平及人口素质
地理空间的特征障碍	地物障碍	地形障碍	距离障碍	技术和文化差异所致的信息障碍

续表

项目	原始人类	农业时代	工业时代	信息时代
人类所追求的地理环境因素特质	庇护场所	适宜的农、牧环境	良好的区位	良好的技术空间区位、信息环境
地理环境中的人的组织形式	生物个体及天然群落以及原始社会	家庭及农业社会	企业及工业社会	出现跨区域的虚拟社会（专业、文化）
人类对环境采取的措施或空间行为	选择、适宜、熟悉环境	人工改造环境：垦荒开田、围场放牧	能源资源的大量开采、区位选择	技术区位的选择和改造（如建设信息高速公路）
生产要素或直接目标	个体生存，获取天然食物、逃避天敌	获取收成及交换	原料、能源的获取以供生产及产品输出	获取信息及传输信息
距离的作用	障碍	产品交换的障碍	区位因子	障碍作用已减低

6.3.2　空间悖论的产生

GIS、RS、GPS、IT 及多种信息通信技术导致了"距离的消亡"（the death of distance），即：人类可达到的空间范围越来越大，距离对人类的制约作用越来越小。但是，距离并没有消失，而且空间的分异甚至更加明显，有些甚至因区域信息技术差异而产生进一步的空间差异。故二者的矛盾产生了空间悖论，这对构建更高层次的空间新关注、人类知识体系重组提出了要求。

6.3.3　空间综合人文学研究进展

伴随时空大数据、移动互联网及地理信息技术的发展，数据愈加丰富、技术门槛逐渐变低，越来越多的人文学者尝试引入新的技术方法开展领域研究，使人文学科渐趋定量化与空间化。其与地理信息科学的有机结合，催生了空间综合人文学这一新兴交叉领域，并产生了若干新研究方向，为历史学、哲学、语言学等人文研究提供强有力的可视化、信息集成及规律挖掘支撑。

1. 空间信息与历史的结合

空间信息与历史的结合是非常密切的，如用城市的变迁反映历史的进程等。空间信息同历史信息的结合诞生了多个历史地理信息系统（historical GIS，HGIS）。HGIS 研究主要是用来表达空间模式，目前的研究集中在：绘制不同历史时期的行政区划边界，确定历史时期特定地点的具体位置、地名的变迁及地方隶属关系的变化，以及研究不同地方的人口信息和人口迁移信息等。

英国历史地理信息系统（Great Britain Historical Geographical Information System）是第一个重要的历史地理信息系统项目。它覆盖了 1830～1970 年英国行政边界的变迁信息，其中包括大量使用统计方法计算得到的边界信息。

美国国家历史地理信息系统（National Historical Geographic Information System）是由美国明尼苏达大学创建的一个信息系统，该系统综合了 1790～2000 年所有可能的统计数据。它主要包括三个方面：收集和丰富历史的和当代的美国统计总和数据；将这些数据融入一个地理信息系统框架中；创建一个基于网络的系统用来获取统计数据和元数据。它的目标是建立一个全美县级尺度的多边形系统。

中国历史地理信息系统则是一个国际合作项目，开始于 2001 年 1 月，参与的专家和学者主要来自国内外高等学校和中国科学院。该系统主要采用回溯的方法，目标是建立一个中国不同历史时期的行政区划数据库，提供一个连续的时间序列，进行民国以前中国各个历史时期行政状况、地名、地理等方面的研究。该系统在 2003 年 8 月发布了 2.0 版本。

2. 空间信息与哲学的结合

空间信息与哲学的结合研究集中反映在不同时期各个哲学流派在不同地域上的产生和在空间上的传播。目前，在这一研究领域的权威是瑞士理工大学哲学系教授 Elmar Holenstein，他利用六年多的时间完成了《哲学地图》一书。书中描述了东西方重要的哲学思想在时空中的产生和传播，并对一些哲学思想的地理分布作了详尽的解释。然而，该研究还处于文字描述加部分图示的阶段。香港中文大学哲学系关子尹教授和地理信息科学联合实验室林珲教授在对 Elmar 哲学地图分析的基础上，认为运用地理信息系统和空间分析结合的方法，可以更好地反映哲学思想产生的人文社会环境背景，并且可以更好地反映哲学思想间的相互联系和影响，揭示哲学思想传播的规律。

3. 空间信息与语言、文学和艺术的结合

地理信息与语言、文学和艺术的结合多表现在一些文化地图的应用上。目前，较有代表性的项目和系统有：中国台湾的中华文明之时空基础框架和由美国加州大学伯克利分校国际和区域研究中心支持的电子文化地图（Electronic Cultural Atlas Initiative，ECAI）。下面以中华文明之时空基础框架为例，说明地理信息在这些领域中的运用。该框架试图在中国历史的时间约束和空间范围内建立一个基于 GIS 的应用基础设施。在这一框架中，属性数据和图形数据都可以被处理，同时，地图服务器可以进行图形的分析，网络服务器可以进行数据的发布。

6.3.4　空间综合社会科学研究进展

空间综合社会科学是在社会科学领域中，运用空间思维，强调空间概念，探索空间形态与过程的研究。空间即地理位置、区域、距离、尺度等；综合即从空间、时间的角度组织研究资料，围绕数据库、数据模型和相关技术设计研究方法；而社会科学包括人文地理学、区域经济学、历史学、城市规划、公共卫生、社会学、人口学、犯罪学、人类学、考古学等学科（图 6-11）。

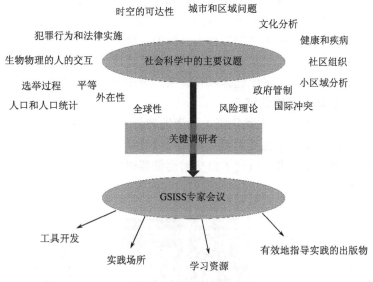

图 6-11　空间综合社会学中的关键问题

1. 空间思想和宗教的结合

ECAI 的北美宗教地图（North American Religion Atlas，NARA）项目的研究，提供了一个在地理和多媒体框架下，获取北美宗教历史资源的渠道。并且，该研究使用制图技术、GIS 技术和网络技术，使用户可以浏览美国国家级、州级和县级各个不同层次的宗教数据。这些宗教数据类型包括文本、图像、多媒体等，数据的内容涉及教堂数目及地点、宗教团体中的男女数目、不同年龄阶段的成员数及分布、年度活动情况及宗教团体中的学者数等。

2. 空间思想与政治经济的结合

目前，将空间思想用于政治分析方面时经常可见的是对选举的分析。例如，ESRI 软件目前提供的功能可以实现：创建或更新全州范围内的选举人注册文件、开发一个更精确并且界面友好的投票系统，使选举信息更容易被投票人获取。

3. 空间思想在公众健康中的应用

自 1993 年以来，世界卫生组织开展的公众健康制图项目，极大促进了 GIS 在传染病和公众健康研究方面的应用。通过结合空间思想，可以了解传染病疫情的传播路径与分布状态。例如，在新冠疫情期间，中国科学院地理科学与自然资源研究所有学者耦合了空间距离和流行病学的有关原理，探讨了高铁出行下新型冠状病毒在个体层面的传播机理，为后期疫情的风险干预、公众健康预防提供了策略性的参考（Hu et al., 2020）。可见，空间思想是抗击传染病工作的重要思维方法。

4. 空间思想与犯罪学的结合

犯罪行为是特定环境下的产物，明晰犯罪事件及其诸要素的时空分布模式及其作用过程，是犯罪学研究的重要方向之一。基于空间思想，围绕"人—环境—行为"的交互关系，揭示不同犯罪行为背后的人地关系，对犯罪防控、警务决策有科学的指导意义（柳林，2022）。当前，已被广泛用于犯罪主体的日常活动规律分析、空间活动轨迹与作案地选择以及警察巡逻规律与犯罪防控等研究中。

5. 空间思想与人类学的结合

美国纽约州立大学布法罗分校人类学地理信息系统实验室进行了 Kerkenes Dag 项目。Kerkenes Dag 是土耳其中部的一个山脉，该项目通过组合运用地理信息系统、遥感等多种技术，研究了自史前至铁器时代结束时期人类活动对该地区的影响（图 6-12）。

古代城市行人交通的模拟　　　重建Kerkenes Dag的街道网络　　　不同城市街区的相关模拟结果

图 6-12　Kerkenes Dag 项目成果

6.3.5　空间综合人文学和社会科学研究的进展与方法

人文学是关于人类内心世界的学问，包括哲学、历史、文学、语言学、新闻学、艺术学等。社会科学则是研究人类社会的各种社会现象的科学，包括经济学、政治学、社会学、法学、管理学等。随着学科的发展和交融，还出现了一些人文学与社会科学融合的交叉学科。而空间综合人文学是指从地理空间的角度，整合并表达多种人文信息，使得来自不同领域的学者可以使用地理空间信息技术，来分析和探讨人文的一些问题（秦昆等，2020）。

人文现象和社会现象虽然有不同的表现形式，但二者并不是割裂的，在进行空间模式和过程的研究中，很多地方可以互相借鉴。空间综合人文学和社会学研究的最基本的方法是空间思维的方法，但作为一个综合的研究领域，它还涉及认知心理学、人文学、区域科学、地图学和地理信息系统及计算机科学等方面的研究方法。

6.3.6　空间综合人文学和社会科学研究热点

在进行空间综合人文学和社会科学的研究时可以与 GIS 技术相结合。该研究主要有两种导向类型：技术导向型和学科导向型。技术导向型是基于已有的 GIS 技术等空间分析平台去研究某个传统人文学和社会学科的对象，也可能是广泛涉及多个学科的对象，其重点是研究这些对象的空间性；学科导向型是从人文学和社会学科性质出发提出空间研究及学科现象的空间表示方法，可以拓展 GIS 等空间分析技术本身的发展。

1. 技术导向型空间综合人文研究

一方面，要加强模糊空间信息的表示方法和模糊空间分析技术。人文研究与客观自然现象研究的最大区别就是人文现象中有很多现象不能直接以数学、几何、物理、化学方法进行测量，其基本特征是综合性（难以用单一指标进行界定，需要综合多种影响因素进行分析或测量）、抽象性（非客观性属性，由人们主观知觉认知等确定的属性）和模糊性（描述人文现象的数据不具备明晰的边界）。另一方面，要结合认知科学的规律进行研究，了解人们对空间信息的认知、理解、价值、隐喻、分析、推理及接收等方面的规律（林珲等，2006）。

2. 学科导向型空间综合人文研究

不同的人文社会科学领域有不同的研究方法，在数据资料表述方面也有不同的方法，因此对空间综合人文的研究提出了不同的要求。在进行学科导向型研究时，可以考虑从下面八个方面作为切入点：①历史和人类学研究；②宗教发展与文明对话研究；③社会资本与均衡发展研究；④城市发展与城市集体记忆研究；⑤哲学思潮与文化疆界研究；⑥政治热点问题研究，如国家选举、地缘政治、区域管治；⑦经济热点问题研究，如土地、交通、市场、旅游；⑧文化热点问题研究，如历史地理学、经济人类学、景观分析。上述方面与科学导向型研究，两者应是相互关联、结合进行的。

综上所述，空间综合人文学与社会科学研究是在信息技术、空间技术发展下人文和社会科学研究的一个方向。它有助于加强人们对人文学和社会科学、地理信息科学和空间科学等的基础工作研究，有助于加强对人文社会现象空间数据的发掘和数字化，并为数字地球、数字城市工程提供数字人文和社会科学等的补充，使数字世界不仅包含物化的东西，还包含非物化的因素。目前，对空间综合人文学和社会科学的研究还处于起步阶段。因此，运用空间思维的方法与空间参考系统进行人文和社会数据的记录、表达和交流将是空间综合人文学和社会科学的研究目标，这都需要继续深化在理论、技术上的研究（林珲等，2006）。

6.4　结论与展望

（1）过去，对现实世界的观测和表达强调了从"天上"看世界，这与大众"侧面"看世界的习惯行为存在巨大差异。因此，要树立全方位看世界的 GIS 观，特别重视从侧面观测世界、表达世界，发展基于航空摄影、无人机的三维地物测量、激光点云的建模技术和实景三维技术等，这样才能够与大众的习惯相统一。

（2）从大众对媒体需求，以及自身媒体的发展来看，需要发展视频 GIS。视频 GIS 表现形式为音频和视频，表达效果真实，而背后的三维矢量地理数据具有丰富的地理空间信息。数字城市真正结合人文社会，其重点是解决空间定位信息与视频信息的融合、可定位视频流无线传输、视频数据模型与检索、自然语言处理、行为主体与场景的动态融合等技术难题。

（3）数字城市的发展必须从面向"地理环境"走向面向"人"，重视解决人机交互远远不够，必须解决人作为"个体"、"群体"和"社会网络"的表达问题，发展"化身"人和真实人能够进入的数字城市。

（4）空间综合人文学和社会科学的研究有助于加强我们对人文学和社会学、地理信息科学和空间科学等的基础工作研究，加强对人文社会现象空间数据的发掘和数字化，并为数字地球、数字城市提供数字人文和社会科学等的补充，使数字世界不仅包含物化的东西，还包含非物化的因素，这样才能够将数字城市与人文社会有机地结合，才能够更好地建设有"人气"的数字城市。

参 考 文 献

李滨, 宋济宇, 徐以厅. 2013. 天宝天鹰 X100 无人机测绘系统. 测绘通报, (1): 117-118.

李翠霞. 2012. 现代计算机智能识别技术处理自然语言研究的应用与进展. 科学技术与工程, 12(36): 9912-9918.

林珲, 张捷, 杨萍, 等. 2006. 空间综合人文学与社会科学研究进展. 地球信息科学学报, 8(2): 30-37.

柳林, 吴林琳, 宋广文, 等. 2022. 基于时空行为视角的犯罪地理创新研究框架. 地理研究, 41(6): 1748-1764.

闾国年, 袁林旺, 俞肇元. 2013. GIS 技术发展与社会化的困境与挑战. 地球信息科学学报, 15(4): 483-490.

秦昆, 林珲, 胡迪, 等. 2020. 空间综合人文学与社会科学研究综述, 地球信息科学学报, 22(5): 912-928.

杨必胜, 梁福逊, 黄荣刚. 2017. 三维激光扫描点云数据处理研究进展、挑战与趋势. 测绘学报,

46(10): 1509-1516.

余旭. 2007. 基于元数据的空间数据网络分发系统研究. 地域研究与开发, 26(5): 111-115.

张捷, 周寅康, 都金康, 等. 1997. 信息地理学研究二题——信息时代地理空间的历史定位及空间连通性初探. 经济地理, 16(10): 11-17.

Hu M, Lin H, Wang J, et al.2020. The risk of COVID-19 transmission in train passengers: an epidemiological and modelling study. Clinical Infectious Diseases, 72(4): 604-610.

Hvarey D. 1973. Social Justice and the City. London:Edward Amold, Baltimore: Johns Hopkins University Press.

Sabel H. 1993. Rethinking science and technology from a practice perspective. Social Study of Science, 23(2): 331-356.

第 7 章　云时代 GIS 与物联网技术

GIS 与云计算的结合为 GIS 的数据存储、管理、处理及其应用提供了一个新的发展机遇。而物联网技术的出现，使得空间信息中的物体都有了"感知"能力，真正地提供了动态的空间信息，能够让 GIS 动态地获取和有针对性地管理物联网中的物体。云计算与物联网综合应用下的 GIS，将为智慧城市的建设提供关键技术支撑。

本章首先介绍云计算、物联网与智慧城市的关系，阐述云计算的概念与特征、现状、应用以及发展趋势；其次介绍云 GIS 的概述与关键技术、需要突破的关键问题、应用模式以及应用实例；然后介绍物联网的概念与原理、结构、发展历程与远景展望；最后介绍物联网的支撑技术和具体应用。

7.1　云 计 算

7.1.1　云计算、物联网与智慧城市

信息化时代瞬息万变，移动互联网、物联网、云计算技术方兴未艾，风起"云"涌（图 7-1），其增长速度超出人们的想象。互联网应用从只能读取内容的 Web 1.0 时代发展到人们可以参与共享内容的 Web 2.0 时代，再到现在已悄然迈进的智能化的 Web 3.0 时代。管理信息化应用从关注组织内部事务处理到关注组织内部工作流程，到向组织内外协同处理的诉求发展。人们的生产活动逐渐从封闭、单一走向开放、智能，并迈向协同处理、信息智能的时代。城市作为人们生活和生产的载体，无可避免地与信息产业技术相结合，从而衍生出具备智能的城市级信息系统。智慧城市信息系统作为信息产业新技术融合的产物，将控制和协同城市居民的生活和生产活动，使之更加便捷、高效、安全、和谐。

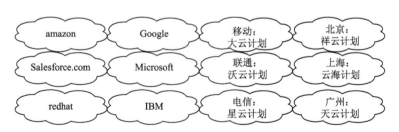

图 7-1　风起"云"涌

如果将城市比作一个有机的生物体，则其信息系统可以比作生物体的神经系统。高等生物的神经末梢感受体内、体外环境的信息，通过周围神经传递到中枢神经进行整合加工，再经周围神经控制、协调生物体内部各系统的功能以及生物体和外部环境的平衡。物联网感知和控制终端是智慧城市的神经末梢，宽带通信基础网络构成周围神经系统，而云计算数据中心作为城市智慧的大脑，三者共同构成智慧城市信息系统，协调城市这个庞大的生物体各系统的运转，以及城市和自然环境的平衡。城市将愈发依赖这种高度互联、高度协同的智慧的信息系统（汪芳等，2011）。

7.1.2　云计算的概念与特征

1. 云计算的基本概念

智慧城市的建设需要更复杂、更动态化的时空大数据。各种通用的数据库已无法支撑智慧城市建设的空间存储问题，由此而诞生的云计算就成为数据资源整合的一种重要方式。在这种方式下，能最大程度、最高性能地支撑智慧城市的建设，也就是人们所说的云时代的 GIS。物联网与互联网的融合，能将城市发展的各种类型的动态与静态的时空数据有机结合起来，形成万物互联，然后通过各种控制与管理系统使其智能化，从而构建智慧城市。云计算促进了物联网和互联网的智能融合，云计算与物联网为智慧城市开辟了一条广阔的道路。

由于传统的应用正在变得越来越复杂，如需要支持更多的用户、需要更强的计算能力、需要更加稳定安全的运营系统等。为了支撑这些不断增长的需求，企业不得不去购买各类硬件设备，如服务器、存储器等；以及一些软件，如数据库、中间件等，还需要组建一个完整的运维团队来支持这些设备或软件的正常运作。这些维护工作包括安装、配置、测试、运行、升级以及保证系统的安全等。由此，会发现支持这些应用的开销变得巨大，它们的费用会随着应用数量的增加或者规模的增大不断提高，而云计算技术则可以很好地解决这些问题。

"云"是各种技术架构图中常用的词用以表示互联网；云计算即基于互联网的计算。具体地说，云计算包含互联网的应用服务以及在数据中心提供这些服务的软硬件设施。狭义上讲，云计算就是一种提供资源的网络，使用者可以随时获取"云"上的资源，按需求量使用，并且资源可以看作无限扩展的，只要按使用的量来付费就可以。广义上讲，云计算是与信息技术、软件、互联网相关的一种服务，这种计算资源共享池称为"云"。云计算把许多计算资源集合起来，通过软件实现自动化管理，只需要少数人参与，就能让资源被快速提供。也就是说，计算能力作为一种商品可以在互联网上流通，就像水、电、煤气一样，可以方便地取用，且价格较为低廉（罗晓慧，2019）。

2. 云计算与网格计算的区别

云计算和网格计算的一个重要区别在于资源调度模式。云计算运行的任务是以数据为中心，即调度计算任务到数据存储节点运行，用户通过因特网获取云计算系统提供的各种数据处理服务。而网格计算则以计算为中心，侧重研究如何将分散的资源组合成动态虚拟组织，使用户能够共享其中的计算资源并以合作的方式进行计算。两者的系统结构区别如图 7-2 所示。

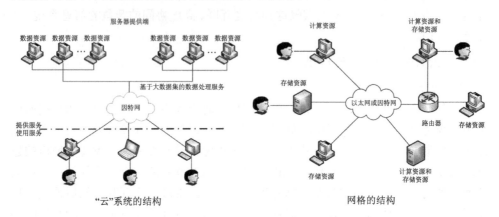

图 7-2　云计算与网格计算结构图

3. 云计算的特征

云计算有如下特征。

（1）硬件和软件都是资源。

（2）资源可以根据需要进行动态扩展和配置，服务使用的资源规模可随业务量动态扩展，这种扩展对服务使用者和提供者是透明的，扩展过程中服务不会中断，且会保证服务质量（现有 IT 服务的扩展缺乏弹性，且多会影响服务质量）。

（3）资源在物理上分布式共享，在逻辑上单一整体呈现。服务的提供由一组资源支撑，资源组中的任何一个物理资源对于服务来讲应该是抽象的、可替换的（现有 IT 服务的部署与物理资源绑定）；同一份资源可以被不同的客户或服务共享，而非隔离的、孤立的（现有 IT 服务的运行模式多为竖井式，物理隔离）。

（4）用户使用资源按量付费、无须管理。资源使用计量与资源共享相关，在共享的基础上，服务提供者可通过计量去判定每个服务的实际资源消耗，用于成本核算或计费（现有 IT 服务管理模式下，缺乏对资源使用的计量）。

云计算的可贵之处在于高灵活性、可扩展性和高性价比等，与传统的网络应用模式相比，云计算具有虚拟化技术、动态可扩展、按需部署、灵活性高、可靠性高、性价比高等优势和特点。

云计算最大的特点是"快速弹性"，即如果需要新的计算资源、主机、数据库、磁盘、文件、存储等，所需要做的仅是点击几下鼠标，甚至无须点击就可以写代码使其自动化，在几分钟内就能获得所需的资源。当不使用的时候，就可以立马释放，停止计费。最为常见的就是网络搜索引擎和网络邮箱。

通过云计算，广大用户无须自购软硬件，甚至无须知道是谁提供的服务，只需要关注自己真正需要什么样的资源或者得到什么样的服务。

4. 云计算的分类

1）按服务类型分类

云计算按服务类型可分为软件即服务（software as a service, SaaS）、平台即服务（platform as a service, PaaS）、基础设施即服务（infrastructure as a service, IaaS），如图 7-3 所示。这三种云计算服务有时被称为云计算堆栈，因为它们的构建层级相互依赖且位于彼此之上。三者间的比较见表 7-1。

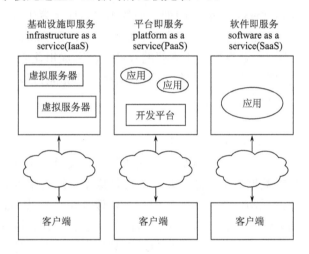

图 7-3　按服务类型分类

表 7-1　按服务类型分类的云计算比较

分类	服务类型	运用的灵活性	运用的难易程度
基础设施云（IaaS）	接近原始的计算存储能力	高	难
平台云（PaaS）	应用的托管环境	中	中
应用云（SaaS）	特定功能	低	易

软件即服务（SaaS）：SaaS 服务是指提供商将应用软件统一部署在自己的服务器上，用户根据需求通过互联网向厂商订购应用软件服务，服务提供商根据用户所定软件的数量、时间的长短等因素收费，并通过浏览器向用户提供软件的模式。这种服务模式的优势是，由服务提供商维护和管理软件、提供软件运行的硬

件设施，用户只需要拥有能够接入互联网的终端，即可随时随地使用软件。在这种模式下，客户不再像传统模式那样花费大量资金在硬件、软件、维护人员上，只需要支出一定的租赁服务费用，通过互联网就可以享受相应的硬件、软件和维护服务，这是网络应用最具效益的营运模式。对于小型企业来说，SaaS 是采用先进技术的最好途径。

平台即服务（PaaS）：把开发环境作为一种服务来提供。这是一种分布式平台服务，主要为开发人员提供通过全球互联网构建应用程序和服务的平台，厂商提供开发环境、服务器平台、硬件资源等服务给客户，用户在其平台的基础上定制开发自己的应用程序，并通过其服务器和互联网传递给其他客户。PaaS 能够给企业或个人提供研发的中间平台，提供应用程序开发、数据库、应用服务器、试验、托管及应用服务。

基础设施即服务（IaaS）：IaaS 即把厂商的由多台服务器组成的"云端"基础设施作为计量服务提供给客户。它将内存、I/O 设备、存储和计算能力整合成一个虚拟的资源池，为整个业界提供所需要的存储资源和虚拟化服务器等服务。IaaS 的优点是用户只需要购买低成本硬件，按需租用相应计算能力和存储能力的服务，大大降低了用户在硬件上的开销。

除了以上三种云计算形式外，在地理信息领域还存在第四种云计算形式，就是数据即服务（data as a service，DaaS）。在 GIS 应用系统建设时，地图数据非常重要，要购买大量遥感影像和矢量数据。这些数据不仅贵，而且处理工作量也很大，有时一个项目的数据成本会超过软件和硬件成本。通过服务的方式租用 GIS 数据，不仅可以节约采购资金，还能节约大量处理时间，所以 DaaS 是地理信息领域中非常重要的云计算形式。事实上，目前我国各省在建的地理信息框架公共服务平台和各市在建的数字城市共享平台，在某种意义上讲就是一种 DaaS。

2）按照服务方式分

为了适应用户的不同需求，美国国家标准与技术研究院（National Institute of Standards and Technology, NIST）发表了名为"The NIST Definition of Cloud Computing"的文章。在这篇文章中，提出了云计算的四种模式，分别是公有云、私有云、混合云、行业云。

公有云：现在最主流、最受欢迎的云计算模式，是一种对公众开放的云服务（吴朱华，2011）。云计算服务提供商为公众提供服务的云计算平台，它的服务对象是公众，理论上任何人都可以通过授权进入该平台，并得到相应的服务。它能支撑数目庞大的请求，而且因为规模的优势，成本偏低。公有云由云供应商运行，用户只需要为其所用的资源付费，无须前期投入，非常经济。

私有云：是云计算服务提供商为企业在其内部搭建的专有云计算系统，其服务对象是某个具体的企业。私有云系统存在于企业防火墙之内，企业能对其数据、安全性和服务质量进行有效的控制。而且，与传统的企业数据中心相比，私有云可以支持动态的基础设施，降低 IT 架构的复杂度，使各种 IT 资源得到整合和标准化。不足之处在于成本开支高，企业内部也需要一支专业云计算团队。由于公有云对很多大中型企业存在限制和调控，很难短时间大规模采用；而私有云的上述特点，使其在一段时间内将成为最受大中型企业认可的云模式，并得到较快推广，这也是目前中国云 GIS 平台期望构建的云模式之一。

混合云：即公有云和私有云混合使用，综合起来搭建云计算平台。它是将用户在私有云上的私密性和公有云上的灵活、低成本作一定的权衡的模式。例如，企业将非关键性应用部署到公有云上，降低成本，而将安全需求较高的关键核心应用部署到完全私密的私有云上。

行业云：主要是指专门为某个行业的业务设计的云，并且开放给多个同属这一行业的企业，非常适合业务需求比较相似，对成本比较关注的行业，如游戏行业。盛大的开放平台颇具有行业云的潜质，将其云平台共享给小型游戏开发团队，这些团队负责游戏的创意和开发，其他烦琐的运营、维护都由盛大的开放平台来负责。

按照服务方式对云进行划分，既能享受云计算带来的便利，又能保证信息的安全和私密。

7.1.3　云计算的现状

1. 国外"云计算"发展现状

（1）Google 于 2007 年 10 月在全球宣布了云计划，并与 IBM 开展合作，把全球多所大学纳入"云计算"中。

（2）IBM 于 2007 年 8 月高调推出"蓝云"（Blue Cloud）计划，并将云计算作为之后的重点业务。这也是 IBM 扩张自身领地的绝佳机会，IBM 具有发展云计算业务的一切有利因素：应用服务器、存储、管理软件、中间件等。

（3）亚马逊（Amazon.com）于 2007 年向开发者开放了名为"弹性计算机云"的服务，让小软件公司可以按需购买亚马逊数据中心的数据处理服务。惠普、英特尔和雅虎三家公司联合创立一系列数据中心，目的同样是推广云计算技术。

（4）微软紧跟云计算步伐，于 2008 年 10 月推出了 Windows Azure 操作系统。Azure 是继 Windows 取代 DOS 之后，微软的又一次颠覆性转型——通过在互联网架构上打造新云计算平台，让 Windows 真正由个人计算机延伸到"蓝天"上。微软拥有全世界数以亿计的 Windows 用户桌面和浏览器，它们都可以接入到这个平台上。Azure 的底层是微软全球基础服务系统，由遍布全球的第四代数据中心构成。

（5）而另外一家以虚拟化起家的公司 VMware，从 2008 年也开始擎起了云计算的"大旗"。VMware 具有坚实的企业客户基础,为超过 19 万家企业客户构建了虚拟化平台,而虚拟化平台正成为云计算最为重要的基石。没有虚拟化的云计算,绝对是空中楼阁,特别是面向企业的内部云。到目前为止,VMware 已经推出了云操作系统 vSphere、云服务目录构件 vCloud Director、云资源审批管理模块 vCloud Request Manager 和云计费 vCenter Chargeback。VMware 致力于建设开放式云平台,开放式云平台是目前业界唯一一个不需要修改现有的应用就能将数据中心的应用无缝迁移到云平台的解决方案,VMware 公司也是目前唯一提供完善路线图帮助用户实现内部云和外部云连接的公司。

2. 我国"云计算"发展现状

2008 年 3 月 17 日,Google 全球 CEO 埃里克·施密特在北京访问期间,宣布在中国大陆推出"云计算"(Cloud Computing)计划。在中国的"云计算"计划中,清华大学是第一家参与合作的高等学校。它将与 Google 合作开设"大规模数据处理"课程,其中,Google 提供课程资料给清华大学教授整理加工,提供实验设备,并协助学校在现有的运算资源上构建"云计算"实验环境。

2008 年初,IBM 与无锡市政府合作建立了无锡软件园云计算中心,开始了云计算在中国的商业应用。2008 年 7 月,瑞星推出了"云安全"计划。2009 年,VMware 在中国召开 vForum 用户大会,第一次将开放云计算的概念带入中国。而在北京清华园的研发中心,VMware 也在进行着云计算核心技术的研发和布阵。

在国务院于 2010 年 10 月 18 日审议通过的《国务院关于加快培育和发展战略性新兴产业的决定》中,将云计算定位于"十二五"战略性新兴产业之一。同一天,工业和信息化部、国家发展和改革委员会联合印发《关于做好云计算服务创新发展试点示范工作的通知》,确定在北京、上海、深圳、杭州、无锡等五个城市先行开展云计算服务创新发展试点示范工作,让国内的云计算热潮率先从政府云开始。

云计算在中国有巨大的市场潜力,不仅仅因为中国幅员辽阔,人口众多,更重要的是中国从 2009 年已经成为全球最大的计算机消费国,可能在不久的将来也会成为最大的计算机服务器拥有国。如此庞大的 IT 投资,也成为国家节能减排中值得重点关注的一环,特别是 2008 年国家发展和改革委员会发布的 IT 设备的耗电量数据几乎接近当年长江三峡的发电量,让所有国人为之震惊。云计算提高了IT 灵活性和可持续发展能力,也将积极推动和谐社会的构建,成为绿色 IT、节能减排最为重要的手段。

大家都知道云的安全问题是最重要的,但如果从局部云或者私有云起步,安全问题可以轻松解决,因为它的访问被严格监管,整个流程都处于传统可靠的安全监管手段之中。因此,在政府构建政府云、企业进行内部私有云建设的过程中,尽可以放心建设。而对于要构建的大范围公有云,政府相关部门也会加紧立法,确保云计算的安全问题可以在法律的层面进行保障。

当然，云计算是整个 IT 行业的一次重整，这是中国从 IT 大国走向 IT 强国的一次历史机遇。抓住机遇，从政府的角度，政策在保驾护航的同时，还需要所有的 IT 从业人员共同努力，为中国 IT 在新历史时期的辉煌贡献力量。

7.1.4　云计算的应用

比较简单的云计算技术已经普遍应用于现今的互联网服务中，最为常见的就是网络搜索引擎和网络邮箱。搜索引擎如谷歌和百度，通过移动终端，可以在搜索引擎上搜索任何自己想要的资源，通过云端可以共享数据资源。在过去，寄一封邮件是一件比较麻烦并且过程很慢的事情，而在云计算技术和网络技术的推动下，电子邮箱成为社会生活的一个重要组成部分，只要在网络环境下就可以实现实时的邮件发送。云计算技术已经融入现今社会生活的方方面面，下面是云计算的一些简单应用。

1. 存储云

又称为云存储，是在云计算技术上发展起来的一个新的存储技术，是一个以数据存储和管理为核心的云计算系统。用户可以将本地的资源上传至云端，可以在任何地方连接互联网来获取云上的资源。大家所熟悉的谷歌、微软等大型网络公司均提供存储云的服务。在国内，百度云和微云则是市场占有量最大的存储云。存储云向用户提供了存储容器服务、备份服务、归档服务和记录管理服务等，大大方便了使用者对资源的管理。

2. 医疗云

医疗云是指在云计算、移动技术、多媒体、4G/5G 通信、大数据以及物联网等新技术的基础上，结合医疗技术，使用"云计算"来创建医疗健康服务的云平台。它实现了医疗资源的共享和医疗范围的扩大，可以大大提高医疗机构的效率，方便居民就医。现在医院的预约挂号、电子病历、医保等，都是云计算与医疗领域结合的产物。医疗云还具有数据安全、信息共享、动态扩展、布局全国等方面的优势。

3. 金融云

金融云是指利用云计算的模型，将信息、金融和服务等功能分散到庞大的由分支机构构成的互联网"云"中，旨在为银行、保险和基金证券等金融机构提供互联网处理和运行服务。同时共享互联网资源，以解决现有问题，并达到高效率、低成本的目标。在 2013 年 11 月 27 日，阿里云整合了阿里巴巴旗下资源，并推出阿里金融云服务。通过金融与云计算的结合，现在只需要在手机上简单操作就可以完成银行存取款、保险购买和基金证券交易等。现在不只是阿里巴巴推出了金融云服务，苏宁、腾讯等企业也都推出了自己的金融云服务。

4. 教育云

教育云实质上是指教育信息化的一种发展。具体而言，教育云可以将我们所需要的任何教育硬件资源虚拟化，然后将其传入互联网，从而向教育机构、学生和老师提供一个方便快捷的平台。现在流行的慕课（massive online open courses, MOOC）平台就是教育云的一种应用。国际上，现阶段慕课的三大优秀平台为Coursera、edX 以及 Udacity。在国内，中国大学 MOOC 也是非常好的平台。2013年 10 月 10 日，清华大学推出了自己的 MOOC 平台——学堂在线，许多大学利用学堂在线开设了很多慕课课程。

7.1.5　云计算的发展趋势

云计算在 2009 年获得了长足的发展，人们的态度逐渐由疑虑向更加接受的方向转变，云计算也逐步融入企业领域。当前我国云计算产业发展迅猛，行业应用逐步深化，云计算将进入全新发展周期（栗蔚，2023）。未来云计算的发展有以下五大发展趋势。

1. 云计算定价模式简单化

定价模式的简单化有助于云计算的进一步普及，购买商品的时候将不会面对繁杂的价格计算公式，而在这一点上，目前的云计算产品做得还不够。在之后的一段时间内，这样的状况有望获得改善，用户有望看到自助式定价模式，并且可以和云计算厂商签订按照小时或分钟计费的包含一系列服务的协议。

2. 软件授权模式转变获得供应商更广泛的认可

让应用软件厂商从传统的按用户收费的授权和营收模式向计量计费模式转移有一定的难度，但在云计算时代，应用厂商却不得不面对这样的转变，这对于那些通过云计算提供托管虚拟桌面服务的公司来说尤其重要。现在，国外已经有一家名为 Falls Church 的公司整合了使用不同授权机制软件的工具，基本配置只固定收取 25 美元的月费。有业界观察者认为云计算促进了应用业务的发展，但前提是其需要适应新的游戏规则。

3. 新技术将提升云计算的使用和性能

对于将业务放在千里之外的云计算服务使用者和为用户提供云服务的厂商来说，更先进的云技术就代表着更强的公司实力，因此，云技术的创新将会永无止境。例如，致力于广域网优化的 Riverbed Technology 公司通过将硬件设备植入虚拟系统来提供云计算使用的核心服务，这种趋势将促使更多的第三方公司按照云计算环境的需求来修改数据中心技术。

4. 云计算服务品质协议细化服务质量

要想让用户敢于将关键业务应用放在云计算平台上，粗放的服务协议显然无法让人放心，用户需要知道云计算厂商能否快速地将数据传遍全国并提供优良的网络连接状况。对于激增的商业需求而言，性能的拓展是不够的，而云计算提供商能够多快地拓展性能也至关重要。IT 经理们需要那种能够让他们高枕无忧的服务品质协议，细化服务品质是必然趋势。

5. 云服务性能监控将无处不在

云计算的普及不可避免地为云计算服务提供商带来了更大的压力，对于一个大型的云计算提供商而言，任何一个数据中心的小问题都会立即被人察觉。提供有关问题的全部报告，以及来自与日俱增的第三方近乎实时的监控都会让云计算提供商背负巨大压力，届时有关云计算性能监控的报告将如同高峰时期实时路况播报那样平常。

7.2　云时代 GIS 技术与应用

GIS 为什么需要云计算？地理信息系统在发展的每一个阶段都深受计算机技术的发展影响。随着高分辨率传感器、合成孔径雷达（SAR）、激光雷达（LiDAR）等的广泛应用，GIS 正面临着数据密集、时空密集、计算密集、并发密集等方面的挑战，亟须一种更加有效的计算技术来提供实时可用的 IT 资源，从而支撑海量空间地理数据的发现、获取、处理和应用，并满足多终端设备、超大用户量的高并发访问。云计算作为新兴的计算技术和服务理念，具有按需自服务、跨网络访问、资源池化、动态可伸缩、按使用付费等特性，能够解决信息产业基础设施的集约利用、高可伸缩等难题，并迅速在各行各业得到应用。云计算的兴起，为 GIS 带来了新的发展机遇，云计算技术的引入将进一步推动 GIS 的发展。云 GIS 便是 GIS 与云计算结合的成果。

7.2.1　云 GIS 概述

1. 云 GIS 的概念

地理信息系统是以地理空间数据库为基础，在计算机软硬件的支持下，运用系统工程和信息科学的理论，科学管理和综合分析具有空间内涵的地理数据，以提供管理、决策等所需信息的技术系统。云 GIS 指的就是由地理空间科学驱动，并通过时空原则进行优化的云计算模式，使分布式计算环境中的地理空间科学发现和云计算成为可能。云 GIS 是基于云计算的理论、方法和技术，扩展 GIS 的基本功能，从而进一步改进传统 GIS 的结构体系，以实现海量空间数据的高性能存取与处理操作，使其更好地提供高效的计算能力和数据处理能力，解决地理信息科学领域中计算密集型和数据密集型的各种问题（吴朱华，2011）。其实质是将 GIS 的平台、软件和地理空间信息方便、高效地部署到以云计算为支撑的"云"基础设施之上，能够以弹性的、按需获取的方式提供最广泛的基于 Web 的服务（林德根和梁勤欧，2012）。

2. 云 GIS 的优点

（1）云 GIS 可以利用云计算提供的高性能基础设施，解决 GIS 面临的数据密集、计算密集、并发密集、时空密集等问题。

（2）云计算使 GIS 系统具备分布式存储、分布式并行计算和分布式表达能力，能够满足空间数据的地理位置相关性与海量多源异构特点，以及对 GIS 系统性能的需求。

（3）云计算平台利用云计算的集约化资源利用模式，提供"即拿即用"的使用方式。通过网络即可随时随地获得 GIS 功能，带来更高效能、更低成本的 GIS 应用。

云 GIS 与传统的 GIS 平台相比，除了上述几个主要优点，还具有很多其他优势，如更简单、更智能的 GIS 部署和运维方式、更简便的 GIS 数据、更高的 GIS 服务性能、更强大的海量数据处理能力等。

3. 云计算对 GIS 的影响

云计算对 GIS 具有如下重要的影响。

（1）GIS 平台概念的内涵将发生变化，GIS 基础软件平台将进一步发展，通过融合在线服务形成基础 GIS 软件、云计算 GIS 软件和在线平台一体化的综合服务平台。

（2）GIS 技术将与其他 IT 技术实现更深度的融合，数据将实现空间关联，业务将实现空间智能化。

（3）GIS 技术和空间数据的使用模式会发生变化，更多地使用基于云服务的在线资源。

（4）通过云服务模式，GIS 的使用范围将得到扩展，GIS 的用户对象范围也会得到扩大。

总之，云计算模式的发展将推动 GIS 产业的进一步发展，而 GIS 和空间信息的深入发展也将推动整个 IT 产业的发展，带动电子商务、位置服务、定位导航、车联网、物联网等新兴服务业和交通、运输等传统服务业的发展，以及改进应急救灾、环境保护、节能减排、能源开发、国土资源等方面的管理措施。

7.2.2　云 GIS 的关键技术

1. 虚拟化技术

虚拟化是指通过虚拟化技术将一台计算机虚拟为多台逻辑计算机同时运行，每台逻辑计算机可以运行不同的操作系统。虚拟化技术在云 GIS 中主要完成人机交互、数据编辑、拓扑关系生成、投影、格式转换、影像处理与信息提取、地图生成与发布等相关应用。

要做云计算，GIS 的服务器必须支持虚拟化（图 7-4），这是首要前提。Service

GIS 是支持云计算的另一个前提。Service GIS 是基于面向服务架构（service-oriented architecture, SOA）的全功能服务平台软件（图 7-5），是软件工程发展过程的产物。

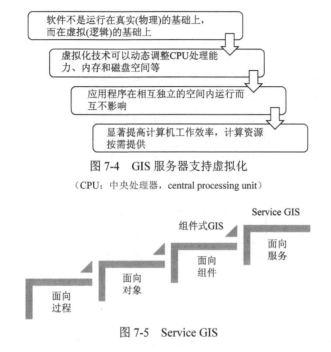

图 7-4　GIS 服务器支持虚拟化

（CPU：中央处理器，central processing unit）

图 7-5　Service GIS

2. 并行计算

并行计算是相对于串行计算来说的，是一种一次可执行多个指令的算法，目的是提高计算速度和计算能力，通过扩大问题的求解规模，来解决大型而复杂的计算问题。并行计算使云 GIS 具备并行的数据处理能力和并行的空间分析能力。

3. 分布式技术

分布式技术包括分布式计算技术和分布式存储技术。分布式计算技术，是与集中式计算相对的一种方式。它将大批量的计算任务分解为许多个小的部分，分配给多台计算机进行处理，以节省整体时间和提高效率。分布式存储技术采用合理的数据分割或划分策略，以提高分布式环境下空间数据的访问和操作性能。

4. 网格计算

网格计算是分布式技术的一种，它由一群分散在不同地理位置的松散耦合的计算机、数据库、输入输出设备，通过高速互联网互联组成的一个超级虚拟计算机。它使用标准的、通用的、开放的协议和接口来实现网格节点上的计算、存储、通信等操作。在云 GIS 中，网格计算提供了多组织之间共享资源和协同工作的途径。

5. 异构资源技术

在云 GIS 中，异构资源技术包括对空间数据库建立的全局空间索引，利用局部查询，改变原有的全局查询方式，实现空间查询的优化和云 GIS 环境下的事务管理，将数据的操作交由多个异构自治的空间数据库进行并发的控制。

6. 跨平台 GIS 技术

跨平台是应用系统结构发展变化所带来的新要求。客户端操作系统基本是 Windows 一统天下，而服务器端操作系统则是 Windows、Unix、Linux 三分天下的格局。这使 GIS 软件的跨平台特性变成了必然要求（图 7-6）。在云计算领域，有更多的云计算技术和平台是基于非 Windows 系统的，如 IBM 云平台、红帽云平台、谷歌云是基于 Unix 或 Linux 系统的。因此，所选 GIS 平台软件必须是能够支持多种操作系统的，这样才可以在云计算建设中有更多优秀的技术和平台可供选择。

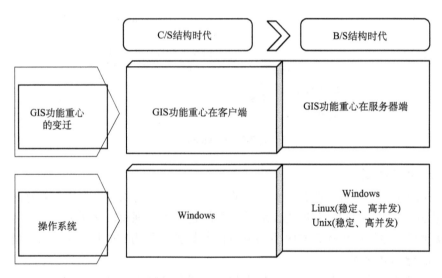

图 7-6 跨平台 GIS

7. 二三维一体化 GIS 技术

二三维一体化的技术会让 GIS 云的应用更深化。使用二维平台搭建 GIS 云，可能是朵不够精彩的"云"，属于实力派应用；使用三维可视化软件搭建 GIS 云，则缺乏高端分析功能，可能是朵下不了雨的、中看不中用的"云"，属于偶像派应用（图 7-7）；而用二维平台加三维可视化软件混搭 GIS 云，则是权宜之计的"云"（图 7-8）。如何彻底解决 GIS 云计算这个问题？答案是只有用二维三维一体化的平台来搭建 GIS 云，才是"实力派和偶像派相结合"的"云"。

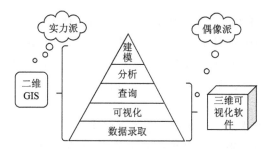

图 7-7　当前 GIS 可满足的需求层次

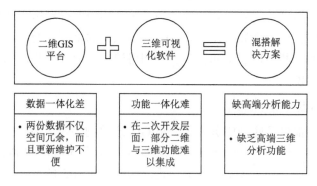

图 7-8　混搭解决方案

Realspace 是北京超图软件股份有限公司在 2009 年提出的二维与三维 GIS 一体化技术。SuperMap Realspace GIS 特点如下。

（1）二维与三维的数据模型和数据结构一体化，海量二维数据无须转换，可直接高性能地在三维场景中可视化。

（2）基于空间数据库管理二维与三维数据，三维数据不仅可以保存在一般文件中，还可采用空间数据库存储管理。

（3）具有高端三维分析功能和建模能力，提供逐步完善的高端三维分析功能。

（4）可在三维环境中直接操作二维 GIS 分析功能。

7.2.3　云 GIS 需要突破的关键问题

云 GIS 在建设过程中需要突破的关键问题主要包括以下三个方面。

1）云环境下的 GIS 资源集成和并行计算

针对云环境下数据的异构多源分布式等特点造成的数据孤岛难题，可利用开放式的空间数据库互联互访，统一数据的共享，达成无缝的集成方式。

2）跨终端的资源访问和应用开发

针对 B/S 构架下多种应用的终端，如组件 GIS、桌面 GIS、移动 GIS 和 WebGIS 的统一访问问题，均采用表述性的状态移动构架，通过基于超文本传输协议（hyper text transfer protocol, HTTP）的应用程序接口实现，使其通过互联网、移动互联网，获取云计算支撑下 GIS 的计算、服务、软件和数据。在应用中，融合了 Web 图形库（Web graphics library, Web-GL）技术，实现轻量级的开发客户，减少了 Web 应用开发对终端的依赖，最大化地发挥了云计算的优势。

　　3）云端互联和云端协同的问题

　　云 GIS 的各种终端之间的连接，除了直接连接之外，还存在跨内外网、多级、混合等连接方式，面临着不同程度的复杂问题，如网络宽带压力、异构服务访问等。通过远程服务代理和 Geo-CDN 的缓存加速技术，可以缓解超高并发的访问网络压力，提高终端访问能力和效率；通过服务端的聚合和客户端的聚合，能够实现跨区域、跨层级、跨部门异构的 GIS 应用系统的资源整合，这使得终端能够直接利用云上的多源地理信息和服务，再利用消息队列等一些机制，实现多终端在线协同工作的模式。

7.2.4　云 GIS 的应用模式

　　云计算主要提供了四种服务方式，把 GIS 迁移到云端。构建云 GIS 就是 GIS 从项目的模式逐渐迁移到在线运营的模式，这就要求 GIS 的形态、接口、模块等很多方面都要做出改变，以和现有的云计算平台对接。云 GIS 应用模式可分为四类，即地理信息内容即服务（content as a service, CaaS）、地理信息软件即服务（SaaS）、地理信息平台即服务（PaaS）、地理信息基础设施即服务（IaaS）（图 7-9）。

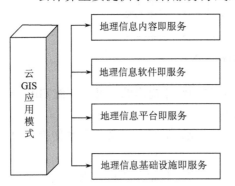

图 7-9　云 GIS 应用模式分类

　　（1）地理信息内容即服务，就是把地理信息的内容作为一种服务向外提供。地理信息内容即服务是云 GIS 应用中的最低层次。地理信息内容即服务现在一般由在线地图网站提供，这些网站提供地图信息和简单的查询服务，如百度地图、Google 地图、Bing 地图、雅虎地图等。这些地图一般提供 API，供开发者使用它们的云服务。

　　（2）地理信息软件即服务，是指利用互联网提供在线地理信息处理的服务。这种服务以往是以单机版地理信息软件完成的，主要服务内容包含地图发布服务、数据格式转化服务、空间分析服务等。

　　（3）地理信息平台即服务，即把地理信息整个开发环境作为服务向外提供。地理信息平台即服务是提供 GIS 的一个开发平台服务。目前提供平台即服务较为著名的是 Google App Engine。地理信息系统开发者可以在 Google App Engine 上开发地理信息软件，并运行在 Google 的基础设施上。

（4）地理信息基础设施即服务，是指地理信息服务的构建可以运行在其他商业公司构建的云基础设施中。目前，提供硬件基础设施服务的有亚马逊、IBM，以及一些电信运营商，如中国电信、中国移动，这些企业正在或已经搭建了基础设施服务环境，并以此为基础提供相应的计算资源或弹性租赁服务，这是"云"模式的基础。地理信息基础设施即服务是地理信息软件即服务、地理信息内容即服务（即 PaaS、SaaS 和 CaaS）的基础，因此，地理信息基础设施即服务对 GIS而言是不可或缺的。

7.2.5　云 GIS 的应用实例——ESRI 云 GIS 应用模式

ArcGIS 提供了多种实现云 GIS 的方式，目前，用户可以通过如下方式来访问云端服务。具体如图 7-10 所示。

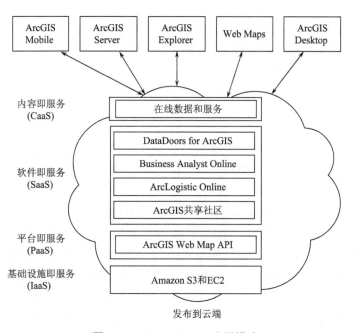

图 7-10　ESRI 云 GIS 应用模式

1. 应用模式

ESRI 提供的云计算应用模型可概括如下。

（1）LaaS：云端地图切片服务，可以缓存地图切片上传到云端，并在云端建立数据中心。用户可以把缓存的地图放在亚马逊的云端数据中心。

（2）SaaS：针对 SaaS，ESRI 目前提供了 ESRI Business Analyst Online，允许用户将 GIS 技术结合整个美国大量的统计专题、消费者数据以及商业数据，这样可以实现按需分析，实现报表和地图通过 Web 进行传递。ESRI 负责维护 ESRI Business Analyst Online，用户不需要担心数据管理和技术更新的问题。

（3）PaaS：ESRI 平台即服务通过 ArcGIS Web Mapping APIS 来提供云计算服务，并在 ArcGIS Online 中实现管理。

（4）软件加服务：ESRI 提供了软件加服务的模式，可以让用户按需配置自己所需要的服务。为此，ESRI 提供了 ArcGIS Online Map 和 GIS Services，使用户可以快速实现制图设计，访问无缝的基础地图。用户还可以在 ESRI 的云计算产品上添加自己的数据。例如，Maplt 是另一个软件加服务应用，可以让业务信息通过访问 ESRI 和 Bing 地图的在线数据、基础底图和任务服务，来进行显示和更加精确的分析，并支持 Windows Azure 平台和 Microsoft 的 SQL Azure。作为一个社区云，ArcGIS 的在线内容共享项目可以让用户或组织享受公共云的地理数据内容。

2. 应用介绍

（1）ArcGIS Online 是 ESRI 提供的一站式的地图云服务，通过 ArcGIS Online，用户可以实现在线查找、共享和组织地理内容来建立 GIS 应用。无须管理空间数据库并且无须负责 GIS 数据和软件更新工作，从而减少软件维护和数据维护的费用。

（2）ArcGIS.com 是 ESRI 资源中心对外展示的一个窗口，是分享、管理和使用 ESRI 公司、社区中其他用户提供的资源的一个平台。它以服务的形式向用户提供各类数据和地图服务，用户可以实现按需访问，自己则不需要建立数据库或维护数据。

ArcGIS.com 不是部署在本地的软件，它的各项功能是在互联网上实现的，以服务的形式提供给客户使用，为此，GIS 开发人员可基于此服务构建和部署定制的应用系统、计算设备、存储设备等各种 IT 基础设施。通过 ArcGIS.com，用户可以访问 ESRI 和其他 GIS 用户所发布的地图、应用和工具，并共享地图内容，可以访问免费的、高质量的基础地图服务，并应用到 GIS 项目中；可以创建和加入工作组，将地图内容进行共享和协作，快速开发 Web 应用。通过 ArcGIS Web Mapping API 和已有的地图内容，可以迅速搭建地图应用。

（3）ArcGIS Sharing 是 ESRI 提供的共享社区服务。它是地理信息内容即服务的集中表现，在这里，用户可以浏览和使用 ESRI 和 ArcGIS 用户发布的地图，上传地图和注册 ArcGIS 服务，共享地图和数据，创建在线地图。

（4）ArcGIS Web Mapping API 是 ESRI 提供的地图数据接口，通过这些地图接口，用户可以创建互联网应用。ArcGIS Web Mapping API 是地理信息平台即服务的一种表现方式，也可以把地图 API 当作一种服务来提供。通过 ArcGIS Web Mapping API，ESRI 用户可以免费访问各种 ArcGIS Web 制图内容，这些内容包括在线帮助系统、API 内容、代码库、示例代码和配置应用模板等。ESRI 用户还可以用 ArcGIS Web Mapping API 来实现地图编码服务、路径分析服务、专题统计数据分析和报表服务等。

7.3 物联网概述

7.3.1 概念与原理

1. 基本概念

2005 年，国际电信联盟（International Telecommunications Union，ITU）发布《ITU 互联网报告 2005：物联网》引用了"物联网"的概念，物联网的定义和范围发生了较大的变化。但到目前为止，关于物联网还没有统一的标准定义。笼统来说，物联网就是把所有物品通过射频识别（radio frequency identification，RFID）等信息传感设备与互联网连接起来，实现智能化识别和信息的互联与共享。具体来说，物联网就是通过射频识别、红外感应器、全球定位系统、激光扫描器等信息传感设备，按约定的协议，把各种物品与互联网连接起来，进行信息交换和通信，以实现智能化识别、定位、跟踪、监控和管理的一种网络。物联网将传感器与智能处理相结合，运用云计算、模式识别等多种智能技术拓展应用领域，从传感器获取的海量信息中分析、处理得到有意义的信息，以满足不同用户的需求，找到新的应用领域和模式。例如：①上班的时候用手机操控电饭锅煮饭；②当司机出现操作失误时汽车会自动报警；③公文包会"提醒"主人忘带了什么东西；④衣服会"告诉"洗衣机对洗涤剂和水温的要求。

感应器可以嵌入或植入到电网、铁路、桥梁、隧道、公路、建筑、供水系统、大坝、油气管道等各种物体中，组成网络，并与现有的互联网整合起来，实现人类社会与物理系统的整合；以更加精细和动态的方式管理生产和生活，达到"智慧"状态，提高资源利用率和生产力水平，改善人与自然的关系。

2. 物联网的特征

（1）将越来越多的，被赋予一定智能的设备和设施相互连接的网络，通过各种无线、有线的长距离或短距离通信网络、内网（Intranet）、专网（Extranet）或互联网（Internet）等，在确保信息安全的前提下，实现选定范围内的互联互通。

（2）提供在线监测、定位追溯、自动报警、调度指挥、远程控制、安全防范、远程维保、决策支持等管理和服务功能。

（3）对"物"进行基于网络、实时高效、绿色环保的控制、运行和管理。

3. 物联网的原理

1）核心——RFID

物联网的实质是射频识别（RFID）技术。RFID 标签中存储着规范而具有互用性的信息，通过无线数据通信网络把它们自动采集到中央信息系统，实现物品识别，进而通过开放性的计算机网络实现信息交换和共享，实现对物品的"透明"管理。

2）原理

物联网是在计算机互联网的基础上，利用 RFID、无线数据通信等技术构造的一个覆盖世界上万事万物的网络。在这个网络中，物品能够彼此进行"交流"，无须人的干预。

3）工作步骤

物联网的工作步骤如下：①对物体属性进行标识，属性包括静态属性和动态属性，静态属性可以直接存储在标签中，动态属性需要先由传感器实时探测；②识别设备对物体属性进行读取，并将信息转换为适合网络传输的数据格式；③将物体的信息通过网络传输到信息处理中心（处理中心可能是分布式的，如家里的电脑或者手机；也可能是集中式的，如中国移动的互联网数据中心），由处理中心完成物体通信的相关计算和控制。

7.3.2　物联网的结构

学界通常将物联网系统划分为五个层次——感知层、接入层、网络层、支撑层、应用层（李航和陈后金，2011）（图 7-11）。

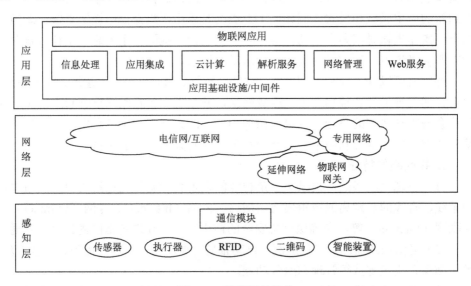

图 7-11　物联网的结构

（1）感知层的主要功能是全面感知，也称为感知延伸层，是由传统的无线传感器网络（wireless sensor network，WSN）、RFID 和执行器组成的。主要完成信息的收集和简单处理，即利用 RFID、传感器、二维码等随时随地获取物体的信息。RFID 技术、传感和控制技术、短距离无线通信技术是感知层涉及的主要技术，包括芯片研发、通信协议研究、RFID 材料、智能节点供电等细分领域。

（2）接入层主要完成各类设备的网络接入。该层重点强调各类接入方式，如 4G/5G 通信网、无线网络、有线或者卫星等方式。

（3）网络层主要完成信息的远距离传输等功能，以实现感知数据和控制信息的双向传递，通过各种电信网络与互联网的融合，物体的信息将实时准确地传递出去。物联网通过各种接入设备与移动通信网和互联网相连，如手机付费系统中由刷卡设备将内置于手机的 RFID 信息采集上传到互联网，网络层完成后台鉴权认证并从银行网络划账。网络层还具有信息存储查询、网络管理等功能。

（4）支撑层，又称为中间件或者业务层。对下需要对网络资源进行认知，进而达到自适应传输的目的。这一层主要完成信息的表达与处理，最终达到语义互操作和信息共享的目的。对上提供统一的接口和虚拟化的支撑，虚拟化包括计算虚拟化和存储虚拟化等内容，较为典型的技术就是云计算。

（5）应用层主要完成服务发现和服务呈现的工作，要面向政府、企业以及老百姓，主要是利用经过分析处理的感知数据，为用户提供丰富的特定服务。云计算平台作为海量感知数据的存储、分析平台，既是物联网网络层的重要组成部分，也是应用层众多应用的基础。物联网的应用可分为监控型（物流监控、污染监控）、查询型（智能检索、远程抄表）、控制型（智能交通、智能家居、路灯控制）、扫描型[手机钱包、高速公路电子不停车收费（electronic toll collection, ETC）]等。

应用层是物联网发展的目的，软件开发、智能控制技术会为用户提供丰富多彩的物联网应用；感知层是物联网发展和应用的基础；网络层是物联网发展和应用的可靠保证。没有感知层和网络层提供的基础，应用层也就成了无源之水、无本之木，但未来的物联网发展将更加关注应用层。只有当未来物联网接入互联网，普及应用，数据量越来越大，应用需求日趋广泛、强烈之后，物联网才会迎来大发展，人类才能真正迈入智慧地球时代。

7.3.3　物联网的发展历程

1995 年，比尔·盖茨在《未来之路》一书中就已经提出了物联网的理念，盖茨在书中写道："当袖珍个人计算机普及之后，困扰着机场终端、剧院以及其他需要排队出示身份证或票据等地方的瓶颈路段就可以被废除了。例如，当你走进机场大门时，你的袖珍个人计算机与机场的计算机相连就会证实你已经买了机票。开门你也无须用钥匙或磁卡，你的袖珍个人计算机会向控制锁的计算机证实你的身份"。受限于当时无线网络、硬件及传感设备的发展水平，尽管物联网的形态已经存在，但没有成为信息技术的主流，所以物联网的概念并未引起业界的重视。

1999 年，主要研究物联网无线射频识别技术和新兴感应技术的麻省理工学院的自动识别技术中心（Auto-ID Center）提出，可以把物品装上射频识别等信息传感设备，并与互联网连接起来，实现智能化识别和管理。这就是早期的"物联网"概念。

2004 年，日本信息通信产业的主管机关总务省提出 U-Japan 战略，并于 2009 年提出升级版的 I-Japan，其目标是实现以国民为中心的安心且充满活力的数字化社会，并强调物联网将在交通、医疗、教育和环境监测等领域起到的作用。

2005 年 11 月，在突尼斯举行的信息社会世界峰会（World Summit on the Information Society, WSIS）上，国际电信联盟（ITU）发布了《ITU 互联网报告 2005：物联网》，使用了"物联网"的概念。报告指出：无所不在的"物联网"通信时代即将来临，世界上所有的物体，从轮胎到牙刷、从房屋到纸巾，都可以通过因特网主动进行信息交换。在这个过程中，射频识别技术、传感器技术、纳米技术、智能嵌入技术将得到更加广泛的应用。ITU 的报告描绘了物联网广泛应用后的新模式，对物联网概念的兴起起到了比较大的推动作用。但 ITU 的报告并未给物联网一个清晰的定义。

2009 年 1 月，奥巴马就任美国总统后，与美国工商界领袖举行了一次圆桌会议，作为 IT 界仅有的两名代表之一，IBM 首席执行官彭明盛提出了"智慧地球"（smarter planet）的概念，建议新政府投资新一代的智慧型基础设施，并阐明其短期和长期效益。对此，奥巴马给予了积极回应："经济刺激资金将会投入到宽带网络等新兴技术中去，毫无疑问，这就是美国在 21 世纪保持和夺回竞争优势的方式。"物联网作为一种较为成熟的概念被提出来，主要是在 IBM 提出"智慧地球"概念之后。"智慧地球"的主要理念是通过物联网和云计算，实现数字地球与人类物理系统的整合，从而使地球达到"智慧"的状态。

2010 年全国信息技术标准化技术委员会组建了传感器网络标准工作组。2009～2020 年，全球物联网市场的规模逐步递增，物联网发展前景良好。

物联网的发展历程如图 7-12 所示。

物联网技术的发展，其实是受广泛的应用需求所牵引的。例如，2019 年 7 月 13 日傍晚 6 时 40 分，美国纽约曼哈顿某个区域发生了大规模的停电事件，使得曼哈顿中心地带的时代广场、地铁站、电影院、百老汇等大片区域都陷入了黑暗，最严重的时候大约有 73000 个用户受到了影响。这样的事故是由控制失误而造成的，此事故的发生向我们的城市建设者和管理者提出了更高的要求，即需要通过建设物联网，有效地对物理事件进行管理和控制。物联网可以将控制、计算、通信三位结合为一体，其功能就是实现对物理世界的可管可控，其性能就是要保障信息的获取、传输和处理的可靠可信，具有控制优化、实时可靠、安全可信三个特点。

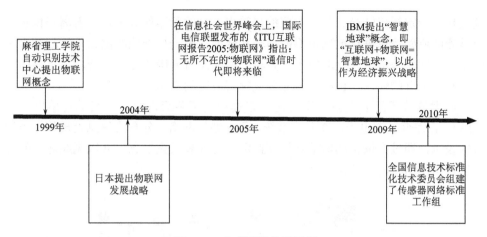

图 7-12　物联网的发展历程

7.4　物联网的支撑技术

物联网涉及的新技术很多，其中的支撑技术主要有传感器技术、RFID 技术、嵌入式技术、网络通信技术等。

7.4.1　传感器技术

传感器技术是当今信息社会中一个跨学科的边缘性技术学科，它在信息处理系统中占有十分重要的地位。在信息时代，人们的社会活动将主要依靠信息资源的开发、获取、传输与处理，从浩瀚无垠的宇宙到微观粒子世界，许多未知的现象和规律信息，没有相应的传感器是无法获取的。传感器是信息处理系统的三个构成单元（传感器、通信系统、电子计算机）之一，已经渗透到生产、科研和生活的各个领域，如卫星传感器、火星探测车传感器等。

传感器技术是关于敏感元器件的设计制造、测试、应用的综合性技术，是构成现代信息技术和自动化技术的主要支柱技术之一。随着科学技术的迅速发展，传感器在品种、性能等方面都有了飞速发展，应用领域也日趋广泛。传感器已成为人们生产生活中不可缺少的工具，也是物联网的基础。

要获取高质量的信息，仅有射频识别技术是不够的，还需要传感器技术。由于物联网通常处于自然环境中，传感器要长期经受恶劣环境的考验。因此，物联网对传感器技术提出了更高的要求。测试、应用的综合性技术，是构成现代信息技术和自动化技术的主要支柱之一。作为摄取信息的关键器件，传感器是现代信息系统和各种装备不可缺少的信息采集手段。如果把计算机看作处理和识别信息的大脑，把通信系统看作传递信息的"神经"系统的话，传感器则是感觉器官。传感器是指那些被测对象的某一确定的信息具有感受（或响应）与检出功能，并使之按照一定规律转换成与之对应的可输出信号的元器件或装置。若离开传感器对被测的原始信息进行准确可靠的捕获和转换，则一切准确的测试与控制都将无法实现。即使是最现代化的电子计算机，假如没有准确的信息（或转换可靠的数据）和不失真的输入，也将无法充分发挥其应有的作用。

而大量传感器节点通过无线通信方式构建了多级自组织网络的传感网（图7-13）。它综合了微电子、嵌入式系统、无线通信网络、分布式信息处理等多个领域的技术，通过大量传感器节点协同监测、感知和采集信息，并以无线通信的方式通过该网络将信息传送给用户。

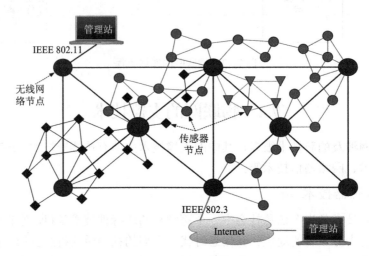

图 7-13 传感网

7.4.2 RFID 技术

射频识别（RFID）俗称"电子标签"，是物联网中非常重要的技术，是实现物联网的基础与核心。RFID 技术是一项利用射频信号通过空间耦合（交变磁场或电磁场）实现无接触信息传递并通过所传递的信息达到识别目的的技术。这一技术由三个部分构成：标签（Tag），附着在物体上以标识目标对象；阅读器（Reader），用来读取（有时还可以写入）标签信息，既可以是固定的也可以是移动的；天线（Antenna），其作用是在标签和读取器之间传递射频信号。当然，在实际应用中还需要其他硬件和软件的支持。

RFID 的特点是：①体积小；②容量大；③寿命长；④可重复使用；⑤可支持快速读写、非可视识别、移动识别、多目标识别、定位及长期跟踪管理。

7.4.3 嵌入式技术

嵌入式技术是计算机技术的一种应用，该技术主要针对具体的应用特点设计专用的计算机系统——嵌入式系统。嵌入式系统的软硬件可量身定做,适用于对功能、可靠性、成本、体积、功耗有严格要求的专用计算机系统。嵌入式系统通常嵌入在更大的物理设备当中而不被人们所察觉,如手机、掌上电脑(personal digital assistant, PDA),甚至空调、微波炉、冰箱中的控制部件都属于嵌入式系统。

7.4.4　网络通信技术

无论物联网的概念如何扩展和延伸,网络通信技术都是完成其最基础的物与物之间的感知和通信的、不可替代的关键技术。网络通信技术包括各种有线和无线传输技术、交换技术、组网技术、网关技术等。

其中,机器对机器(machine to machine,M2M)技术是物联网实现的关键。M2M 技术指所有实现人、机器、系统之间建立通信连接的技术和手段,同时也可代表人与机器(man to machine)、机器与人(machine to man)、移动网络与机器(mobile to machine)之间的连接与通信。M2M 技术适用范围广泛,可以结合 GSM/GPRS/移动通信系统(universal mobile telecommunications system, UMTS)等远距离连接技术,也可以结合 Wi-Fi、蓝牙、Zigbee、RFID 和超宽带(ultra wide band,UWB)等近距离连接技术,此外还可以结合 XML 和 Corba,以及基于 GPS、无线终端和网络的位置服务技术等,用于安全监测、自动售货机、货物跟踪等领域。目前,M2M 技术的重点在于机器对机器的无线通信,而将来的应用则将遍及军事、金融、交通、气象、电力、水利、石油、煤矿、工业自动化控制、零售、医疗、公共事业管理等各个行业。短距离无线通信技术的发展和完善,使得物联网前端的信息通信有了技术上的可靠保证。

4G/5G 通信技术:5G 通信是物联网发展必不可少的通信技术。从物联网的运营层面来看,目前的通信技术主要是 4G 通信,其满足不了多点的接入。4G 通信的缺点在于通信速率比较低,抗干扰能力比较差,而 5G 通信的优势正好弥补了 4G 通信的这些缺陷,为实现物联网在智能交通、智能电网等方面的应用做出了贡献。相比于 4G 通信网络,5G 具备更加强大的通信和宽带能力,能够满足物联网应用高速稳定、覆盖面更加广泛的需求。

7.5　物联网的应用

物联网应用涉及国民经济和人类社会生活的方方面面,因此,"物联网"被称为继计算机和互联网之后的第三次信息技术革命。信息时代,物联网无处不在。由于物联网具有实时性和交互性的特点,其用途广泛,主要应用领域有公众社会服务、经济发展建设、公共事务管理等方面,遍及智能电网、智能交通、智能医疗、环境监测、农业监测、智能物流、智能校园等多个应用领域。

7.5.1　智能电网

智能电网可合并传统的能源和新能源，如风能、太阳能等，以提供对一个社区、一个国家乃至世界涉及所有能源形式的端到端的洞察力。

美国、丹麦、澳大利亚和意大利的公共事业公司正在建设新型数字式电网，以便对能源系统进行实时监测。这不仅有助于他们更迅速地修复供电故障，而且有助于他们更"智慧"地获取和分配电力。

中国国家电网公司给智能电网的定义是：以特高压电网为骨干网架、各级电网协调发展的电网为基础，利用先进的通信、信息和控制技术，构建以信息化、自动化、互动化为特征的智能化电网，可提升效率、减少碳排放、优化用电。

7.5.2　智能交通

智能交通系统是将先进的科学技术，包括信息技术、计算机技术、数据通信技术、传感器技术、电子控制技术和人工智能等，有效、综合地运用于交通运输、服务控制和车辆制造，如加强车辆、道路、使用者三者之间的联系，从而形成一种保障安全、提高效率、改善环境、节约能源的综合运输系统。

智能交通亟待建立以车为节点的信息系统，即车联网，其综合现有的电子信息技术，将每辆汽车作为一个信息源，通过无线通信手段连接到网络中，进而实现对全国范围内车辆的统一管理。车联网具有很多优点，例如，可以解决由于道路建设跟不上汽车增长的交通拥堵问题。据统计，在城市交通中大约有30%的汽油是消耗在堵车的时候。因此，车联网能够在一定程度上帮助我们节约能源、减少空气的污染、减少交通事故等。生活中比较常见的下一辆公交车到站信息以及实时的交通控制，都是物联网在智能交通中的应用实例。

智能交通（公路、桥梁、公共交通、停车场等）物联网技术可以自动检测并报告公路、桥梁的"健康状况"，还可以避免过载的车辆经过桥梁，也能够根据光线强度对路灯进行自动开关控制。

在交通控制方面，可以通过检测设备，在道路拥堵或特殊情况时，系统自动调配红绿灯，并可以向车主预告拥堵路段、推荐行驶最佳路线。

在公共交通方面，物联网技术构建的智能公共交通系统通过综合运用网络通信、GIS、GPS 及电子控制等手段，集智能运营调度、电子站牌发布、集成电路（integrated circuit, IC）卡收费等于一体，通过该系统可以详细掌握每辆公交车每天的运行状况。另外，在公交站，通过定位系统可以准确显示下一趟公交车需要等候的时间，还可以通过城市公共交通管理系统，查询最佳的公共交通换乘方案。

停车难问题在现代城市中已经引发社会各界的强烈关注，应用物联网技术可以更方便地帮助人们找到车位。智能化的停车场通过采用超声波传感器、摄像感应、地感性传感器、太阳能供电等技术，第一时间感应到车辆停入，然后立即反馈到公共停车智能管理平台，显示当前的停车位数量。同时将周边地段的停车场信息整合在一起，作为市民的停车向导，这样能够大大缩短找车位的时间。

7.5.3　智能医疗

物联网可用于医疗监管、药品监管、医疗电子档案管理、血浆的采集监控等，为病人监护、远程医疗、残障人员救助提供支撑。为弱势人群提供及时、温暖的关怀，是物联网备受关注的先导应用领域之一，且在发达国家得到了前所未有的重视，并在隐私保护的立法基础上，予以推广应用。此外，在公共卫生突发事件、家庭远程控制、远程医疗、安全监控等方面，物联网也可以发挥重要的作用，从而提高政府部门的管理水平和人民生活质量。

在智慧医疗保健系统建设方面，丹麦国家电子医疗保健门户网站向医生提供患者的健康历史和记录的即时访问。该系统使相关行政管理成本下降到仅占总花费的 1.3%（美国为 31%），使丹麦的医疗失误率保持在世界最低水平（0.2%），患者满意率高达 94%，为欧洲最高水平。在美国，据估计，电子医疗记录每年可避免 100000 人因为医疗失误而死亡。

智能医疗还可以为病患匹配传感器，从而可以持续不断地监测其在日常活动中的身体状况，并通过收集和接收的数据进行诊断或者紧急治疗，具有节约医疗费用，为病人提供更准确、及时的治疗等优点。

7.5.4　环境监测

从部署在基础设施或报告环境条件的大量传感器中获得数据，尤其是当传感器与先进的可视化技术一起使用的时候，可以增强决策者对实时事件的认知。

通过物联网进行环境监测的优势在于它能够实时准确地对意外情况做到实时报警和控制。尤其是通过物联网传感器，可以获取一些不适合人工操作的采集点的信息。

环境监测领域应用是通过对地表水水质的自动监测，实现水质的实时连续监测和远程监控，及时掌握主要流域重点断面水体的水质状况，预警预报重大或流域性水质污染事故，解决跨行政区域的水污染事故纠纷，监督总量控制制度的落实情况。例如，在河流生态环境监测系统中，可以通过安装在河流的各个监控传感器，将河流的水文、水质等环境状态提供给环保部门，实时监控流域水质等情况，并通过互联网将监测点的数据报送至相关管理部门。

7.5.5　农业监测

物联网在农业领域的应用是通过实时采集温室内温度、湿度信号、光照、土壤温度、CO_2 浓度、叶面湿度和露点温度等环境参数，智能控制、调节各类设备，自动开启或者关闭指定设备，从而确保温室大棚和农田的环境参数指标符合农作物生长的需求，并且可以根据用户需求，随时进行处理，为实施农业综合生态信息自动监测、对环境进行自动控制和智能化管理提供科学依据。通过模块采集温度传感器等信号，经由无线信号收发模块传输数据，实现对大棚温湿度的远程控制。智能农业产品还包括智能粮库系统，该系统通过将粮库内温湿度变化的感知与计算机或手机连接并进行实时观察，记录现场情况以保证粮库内的温湿度平衡。

物联网在农业领域具有远大的应用前景，主要有三点：无线传感器网络应用于温室环境信息采集和控制；无线传感器网络应用于节水灌溉；无线传感器网络应用于环境信息和动植物信息监测。

7.5.6　智能物流

智能物流是利用集成智能化技术，使物流系统能模仿人的智能，具有思维、感知、学习、推理判断和自行解决物流中某些问题的能力。智能物流的未来发展将会体现出四个特点：智能化、一体化与层次化、柔性化、社会化。

智能物流打造了集信息展现、电子商务、物流配载、仓储管理、金融质押、园区安保、海关保税等功能于一体的物流园区综合信息服务平台。信息服务平台以功能集成、效能综合为主要开发理念，以电子商务、网上交易为主要交易形式，建设了高标准、高品位的综合信息服务平台，并为金融质押、园区安保、海关保税等功能预留了接口，可以为园区客户及管理人员提供一站式综合信息服务。

7.5.7　智能校园

中国电信的校园手机一卡通和金色校园业务，促进了校园的信息化和智能化。校园手机一卡通主要实现的功能包括电子钱包、身份识别和银行圈存。电子钱包即通过手机刷卡实现校内消费；身份识别包括门禁、考勤、图书借阅、会议签到等；银行圈存即实现银行卡到手机的转账充值、余额查询。目前校园手机一卡通的建设，除了满足普通一卡通功能外，还实现了借助手机终端进行空中圈存、短信互动等应用。中国电信开通的金色校园业务，帮助中小学行业用户实现学生电子化管理、老师排课办公无纸化和学校管理的系统化，使学生、家长、学校三方可以时刻保持沟通，方便家长及时了解学生学习和生活情况。通过一张薄薄的"学籍卡"，真正达到了对未成年人日常行为的精细管理，最终达到学生开心、家长放心、学校省心的效果。

此外，物联网在其他许多领域都得到了很好的应用，如智慧金融和保险系统、智慧水系统、智慧食品系统、智慧零售系统、智慧货物运送系统、智慧基础设施等。

目前，物联网与地球空间信息技术的紧密结合，可以共同促进智慧城市的建设。地球空间信息技术中的 3S 技术为物联网中的应用提供了定位参数和实时监控。物联网为地球空间信息技术提供了高速的海量数据处理能力、更精确实时的测量方式以及在其设立的平台上更广泛的实际应用。例如，智能交通中对车辆的定位、医疗应用中对患者的定位、现代物流中对货物的定位都是基于 GIS 和 GNSS 的平台融合而成；而在环境监测中，对污染、气候的变化等都可以结合 RS 给出更加实时的监控和反应。

参 考 文 献

李航, 陈后金. 2011. 物联网的关键技术及其应用前景. 中国科技论坛, (1): 81-85.

栗蔚. 2023. 2023 年云计算趋势: 从"资源上云"迈入"深度用云". 通信世界, (1): 27-28.

林德根, 梁勤欧. 2012. 云 GIS 的内涵与研究进展. 地理科学进展, 31(11): 1519-1528.

罗晓慧. 2019. 浅谈云计算的发展. 电子世界, (8): 104.

汪芳, 张云勇, 房秉毅, 等. 2011. 物联网、云计算构建智慧城市信息系统. 移动通信, 35(15): 49-53.

吴朱华. 2011. 云计算核心技术剖析. 北京: 人民邮电出版社.

第8章 智慧城市

新一代信息技术的发展，使得城市形态在数字化的基础上，进一步实现了智能化和智慧化。智慧城市是数字城市与物联网、云计算等新一代信息技术相结合的产物。依托物联网可实现智能化的感知、识别、定位、跟踪和监督，并借助云计算及智能分析技术，实现海量信息的处理和决策支持。智慧城市的理念是把传感器装备到城市生活中的各种物体中形成物联网，并通过超级计算机和云计算等技术实现物联网的整合，从而实现数字城市与城市各相关系统的有效整合。智慧城市的实质是利用先进的信息技术，实现城市智慧式管理和服务，为城市中的人创造更美好的生活，从而促进城市的和谐和可持续发展。随着信息技术以及物联网和云计算的发展，许多城市已经踏上了智慧城市建设的道路。

本章首先介绍智慧城市的提出背景、概念及内涵和特征；其次，分析数字城市与智慧城市的区别和联系、数字城市所取得的成就、智慧城市建设的总体框架；再次，介绍智慧城市的主要支撑技术，包括数字城市相关技术、物联网技术和云计算技术；最后，阐述了智慧城市如何在各个领域中造福人类。

8.1 概　　述

8.1.1　智慧城市的提出背景

智慧城市的发展离不开 IBM 公司于 2008 年 11 月提出的"智慧地球"的理念。众所周知，IBM 公司是集硬件、软件以及咨询服务于一体的多元化公司，在经济危机的背景下，IBM 公司为了提高企业的经营利润，在公司战略上做出调整，将业务重点转向了咨询业务。作为咨询业的翘楚，IBM 公司在转型不久就针对当今城市建设中存在的诸多问题提出了解决的对策，即"智慧地球"这一理念。

2009 年，在"共创一个智慧的地球"IBM 论坛会议上，IBM 详细介绍了"智慧地球"。2010 年，IBM 正式提出"智慧城市"的愿景，随后引发了全球智慧城市建设的热潮。"智慧城市"这个概念的提出也正是由"智慧地球"这一理念发展而来，现已成为我国城市规划和建设的重要理念参考。

8.1.2　智慧城市的概念及内涵

1. 概念

广义：把传感器安装到日常生活的各种物体中，并且连接起来，形成"物联网"，并通过超级计算机和云计算将"物联网"统一起来，实现网上数字地球与人类社会物理系统的整合。在此基础上，人类可以以更加精细和动态的方式管理生产和生活，从而达到"智慧"的状态。

狭义：通过在城市搭建大量的传感网，对城市的基础设施与部件状态、建设工程安全质量状况、城市能源供给状况、城市交通状况、水资源与环境状态等进行监测，实时汇集城市各种时空的信息，从而为城市建设、管理与应急响应提供智能决策。

建设智慧城市的目的在于形成更透彻感知、更广泛互联、更智能决策、更灵性服务和更安全的智慧城市信息集成平台，从而更好地为城市管理、建设规划、应急指挥等提供技术支撑与服务。

2. 内涵

1）健康可持续发展的经济

智慧城市在改善经济体系和产业结构上是智能的，而在促进城市经济增长方面是高效的。智慧城市经济应该遵循生态规律，促进生态系统稳定，促进整体体系发展，是属于可持续的、和谐的绿色经济。广义上讲，智慧城市经济渗透在人类所有的生产活动之中。狭义上讲，智慧城市经济可以生产能耗低、环保，甚至在产品报废之后的处理过程中对环境也是无害的产品。科学技术在这之中，贯穿了经济和生态两个领域，只有研发出绿色技术，才能保证整个环节对环境无污染。

可持续发展是智慧城市经济的另一种表现。可持续发展的经济是一种以有效利用、循环利用资源为主旨，以减少原料（reduce）、重新利用（reuse）、物品回收（recycle）（简称 3R）为准则，以资源的高效利用为核心要求，杜绝资源浪费、可持续发展的经济发展模式。

2）舒适便捷的生活

智慧城市是智能的、和谐的和便捷的，是人类未来理想的居住城市。这里的"和谐"包括人类与自然界的和谐，以及人类与其他物体之间的和谐。智慧城市通过高端的科技手段，服务于公共服务、卫生、医疗、交通、消费和休闲等各个领域。智慧城市是生活舒适和便捷的城市，这主要体现在以下方面：①居住舒适，拥有配套设施齐备、符合健康要求的住房；②交通便捷，公共交通网络发达；③优质的公共产品和服务（如教育、医疗、卫生等）；④生态健康，天蓝水碧，住区安静整洁，人均绿地多，生态平衡；⑤极具人文关怀的景观设计与建设（如道路、建筑、广场公园等），起到陶冶居民心性的作用；⑥良好的公共安全，城市具有抵御如地震、洪水、暴雨、瘟疫等自然灾害，防御和处理恐怖袭击、突发公共事件等人为灾害的能力，从而确保城市居民生命和财产安全和公共安全。

3）科技智能的管理

城市管理包括政府管理与居民自我生活管理，管理的科技化要求不断创新科技，运用智能化和信息化手段让城市生活更加协调与平衡，使城市具有可持续发展的能力。

　　智慧城市最突出的特征是广泛运用信息化手段，这也是智慧城市所包含的意义。智慧城市理念是近几年伴随着信息化技术的不断应用而提出的。该理念是全球信息化高速发展的典型缩影，它意味着城市管理者通过信息基础设施和实体基础设施的高效建设，利用网络技术和 IT 技术实现智能化，为各行各业创造价值，为人们构筑完美的生活。数字城市、无线城市等都可以纳入该范畴。简单来说，智慧城市就是城市的信息化和一体化管理，是利用先进的信息技术随时随地感知、捕获、传递和处理信息并付诸实践，从而创造新的价值。

8.1.3　智慧城市的特征

　　智慧城市的核心特征在于"智慧"，而智慧的实现依赖于广泛覆盖的信息感知网络、深度互联的信息体系、协同共享的信息共享机制、海量信息的智能处理以及信息的开放应用等，具体如下。

1. 广泛覆盖的信息感知网络

　　广泛覆盖的信息感知网络是智慧城市的基础。任何一座城市拥有的信息资源都是海量的，为了更及时、全面地获取城市信息，更准确地判断城市状况，智慧城市的中心系统需要拥有与城市的各类要素交流信息的能力。智慧城市的信息感知网络应覆盖城市的时间、空间、对象等各个维度，能够采集不同属性和不同形式的信息。物联网技术的发展，为智慧城市的信息采集提供了更强大的能力。当然，"广泛覆盖"并不意味着对城市的每个角落进行全方位的信息采集，这既不可能也无必要。智慧城市的信息采集体系应以适度需求为导向，过度追求全面覆盖既增加成本又影响效率。

2. 深度互联的信息体系

　　智慧城市的信息感知是以多种信息网络为基础的，如固定电话网、互联网、移动通信网、传感网、工业以太网等。"深度互联"要求多种网络形成有效的连接，以实现信息的互通访问和接入设备的互相调度，从而实现信息资源的一体化和立体化。

3. 协同共享的信息共享机制

　　在传统城市中，信息资源和实体资源被各种行业、部门、主体之间的边界和壁垒所分割，资源的组织方式是零散的。智慧城市"协同共享"的目的就是打破这些壁垒，形成具有统一性的城市资源体系，使城市不再出现"资源孤岛"和"应用孤岛"。在协同共享的智慧城市中，任何一个应用环节都可以在授权后启动相关联的应用，并对其应用环节进行操作，从而使各类资源可以根据系统的需要，各尽其能地发挥其最大的价值。这使各子系统中蕴含的资源能按照共同的目标协调统一调配，从而使智慧城市的整体价值显著高于各子系统简单相加的价值。

4. 海量信息的智能处理

智慧城市拥有体量巨大、结构复杂的信息体系，这是其决策和控制的基础。而要真正实现"智慧"城市，还需要具备智能化处理海量信息的能力。这就要求系统根据不断触发的各种需求对数据进行分析，产生所需知识，自主地进行判断和预测，从而实现智能化决策，并向相应的执行设备发送控制指令。这一过程还需要体现出自我学习的能力。智能处理在宏观上表现为对信息的提炼增值，即信息在系统内部经过处理转换后，变得更全面、更具体、更易利用，信息的价值获得了提升。在技术上，以云计算为代表的新的信息技术应用模式是智能处理的有力支撑（连玉明，2003）。

5. 信息的开放应用

智能处理并不是信息使用过程的终结，智慧城市还应具备信息的开放式应用能力，能将处理后的各类信息通过网络发送给信息的需求者，或对控制终端进行直接操作，从而完成信息的增值利用。智慧城市的信息应用应该以开放为特性，而不仅仅停留在政府或城市管理部门对信息的统一掌控和分配上。因此，应搭建开放式的信息应用平台，使个人、企业等个体都能为系统贡献信息，使个体间能通过智慧城市的系统进行信息交互，这有助于充分利用系统的现有能力，丰富智慧城市的信息资源，并且有利于促进新的商业模式的诞生。

8.2　从数字城市到智慧城市

8.2.1　数字城市与智慧城市的区别和联系

智慧城市是数字城市与物联网、云计算等技术有机融合的产物。基于数字城市的基础框架，各类物联网传感器将人及其相关的固定或移动物品连接起来，并将海量数据的存储、计算和交互服务交由云计算平台在"云端"处理，按照处理结果对城市实施实时自动化控制，实现智慧的城市服务。

数字城市将分布在不同领域和不同地理位置的经济、文化、交通、能源和教育资源等信息按规范的地理坐标组织起来，为智慧城市提供一个数字化的基础框架。在数字化的基础框架上，通过物联网中的射频识别、红外感应器、全球定位系统、激光扫描器等信息采集技术或传感设备，按约定的协议将物体与互联网连接起来，以实现对分布在城市中的管理对象的智能化识别、定位、跟踪、监控等服务。然而，海量物联信息的管理需求无法依靠现有终端的计算资源来满足。因此，迫切需要可伸缩并能动态调节计算资源的云计算模式来解决数据海量、随时更新并且实时性要求非常高的计算问题，如整个城市路网数据的实时计算与预测。基于数字城市的基础框架有机地融合物联网及云计算技术，可将数字城市阶段的

"秀才不出门，能知天下事"提升到智慧城市阶段的"秀才不出门，能做天下事"的新高度。

全网际互连协议（Internet protocol, IP）网络架构的物联网集智能传感网、智能控制网、智能安全网的特性于一体，真正做到识别、定位、跟踪、监控和管理的智能化。通过物联网可以对任何感兴趣的物体进行感知和操作。物联网由统一的编码系统、智能传感网以及网络系统等组成。统一的编码系统通过物体类型等信息对物体进行唯一编码并分配地址。智能传感网是物联网的数据采集和物体监控系统，它利用各种仪器设备实现对静止或移动物体的自动识别，并进行数据采集与交换。网络系统由各种本地网络和全球互联网组成，实现信息流通和管理功能。网络系统是在全球互联网的基础上，通过对象名解析服务和实体标记语言等软件系统实现城市中的实物互联。

数字城市中通过各类传感器采集实时海量数据，但这些海量数据不能直接供机器和人使用，必须通过各种算法和模型进行分析和处理，加工为可用的信息和知识，才能最终产生价值。传统的计算方式不能满足海量数据实时更新的需要。而高弹性、可伸缩、虚拟化的云计算为复杂的各类城市模型的实时分析和处理提供了可能。按照需要的计算能力和时间要求，"云端"可以弹性地为其提供与之相匹配的计算资源和存储资源。这相当于一个计算能力几乎是可以无限扩大的大脑，按时按要求将海量数据转化为信息和知识，提供给需要的机器和用户。

根据上面的分析可以看出，智慧城市与数字城市有明显的区别和联系：数字城市是物理城市的虚拟对照体，这两者是分离的；而智慧城市是通过物联网把数字城市与物理城市连接在一起，本质上是物联网与"数字城市"的融合。物联网把数字城市和物理城市相互连接起来，通过一些智能化的技术方法，使其逐步地走向一个智慧城市。但这并不意味着要把过去的数字城市推倒重来，重新建立一个智慧城市。智慧城市应该是数字城市的扩展、延伸和提升，是数字城市发展的未来之路，即通过物联网把数字城市与物理城市无缝地连接起来，再利用云计算技术，对实时感知数据进行处理，并提供智能化的服务。

8.2.2 数字城市取得的成就

在详细介绍数字城市和智慧城市的区别和联系之前，先来总结一下数字城市所取得的成效。数字城市发展一般经历四个阶段：第一阶段是网络基础设施的建设；第二阶段是政府和企业内部信息化建设；第三阶段是政府、企业上下游相互之间借助网络实现互通互联；第四阶段是网络社会、网络社区、数字城市的形成。目前，美国、加拿大、欧洲、澳大利亚等国家和地区，已经完成第一到第四阶段的基本任务。与发达国家相比，我国数字城市起步较晚，从国内数字城市发展状况来看，主要表现为：通信基础设施的进展速度比较快，政府和企业内部信息化的进展比较缓慢，且水平参差不齐，政府和企业互联互通刚刚起步，企业信息间的互联互通需要发展和提高。

1）城市通信网络基础设施建设为数字城市铺设了"信息高速公路"

城市的通信网络基础设施建设为信息的传输提供了便利，给人们的生活和社会的发展提供了便利。这个工作我国较早就已经全面完成了。

2）城市空间信息基础设施建设为数字城市奠定了"空间基准框架"

城市空间信息基础设施是数字城市建设的基础。没有城市空间信息基础设施的支持，就无法进行数字城市建设。数字城市提出将进一步加快城市空间信息基础设施建设的步伐，城市空间信息基础设施为城市各职能部门和各行业提供统一、实时、精确的基础地理信息，其建设的速度和质量直接影响着数字城市的建设。

3）电子政务和各部门业务应用系统建成并逐渐投入使用

电子政务是指国家机关在政务活动中全面应用现代信息技术、网络技术以及办公自动化技术等进行办公和管理，为社会提供公共服务的一种全新的管理模式。广义的电子政务应该包括所有国家机构，而狭义的电子政务主要包括直接承担管理国家公共事务、社会事务的各级行政机关。

4）电子商务与现代物流平台开始建设并产生效益

淘宝网是亚太地区较大的网络零售商圈，由阿里巴巴集团于2003年5月创立，是中国深受欢迎的网络零售平台，拥有近8亿的注册用户数。据不完全统计，每天有超过8000万的固定访客，同时每天的在线商品数已超过8亿件，平均每分钟售出5.3万件商品。

5）数字企业进入全面建设阶段，示范作用明显

数字企业是将有形企业映射到无形的、虚拟的网络之中，形成一个与现实企业相对应的、与之密切相关的、其功能又能够局部或者全部模拟企业行为的系统，也称为"虚拟企业"。它实现的手段主要是借助计算机网络技术、数据库技术、电子商务技术，将企业的信息（产、供、销、人、财务等）数字化，并按照企业的运行机制和规律融合到一个能全面反映企业现状、综合信息管理的系统平台之中，最终为企业的经营活动、管理和决策等提供强有力的支持和系统服务。

6）数字城市的社会公众服务有了良好开端

公共服务是21世纪公共行政和政府改革的核心理念，它包括加强城乡公共设施的建设和发展教育、科学、文化、卫生、体育等公共事业，为社会公众参与社会经济、政治、文化活动等提供保障。公共服务以合作为基础，包括加强城乡公共设施建设，强调政府的服务性和公民的权利。

7）城市空间信息基础设施基本完善

原国家测绘地理信息局（现已并入自然资源部）已经建成了400多个数字城市空间地理信息基础设施项目；国家地理信息公共服务平台已有300多个城市的

高分辨率影像；城市网络地图已经能够满足市民的基本要求。这说明我国城市空间信息基础设施已基本完善。

8）数字城市实现了从二维到三维的跨越

三维 GIS 技术是目前 GIS 学科发展的主流趋势之一，与传统的二维 GIS 相比，三维 GIS 将地理空间现象以立体造型展现给用户，表达了对象的空间位置关系，并能够进行三维空间分析和操作，给用户带来更真实的感受。

9）城市网格化管理系统普及应用

网格化管理系统方便了管理人员对社区进行网格化管理，提高了办事效率，减少了成本。我国当前城市网格化管理系统已进入普及应用阶段。

8.2.3　智慧城市建设的总体框架

基于智慧城市的内涵和理念，从信息化的视角拟定智慧城市的总体框架，如图 8-1 所示，可以概括为信息感知与传输平台、信息管理与计算平台、资源共享与服务平台、经营管理与服务系统、决策支持与服务系统，以及综合运维与保障体系等部分。下面分别予以说明。

1. 信息感知与传输平台

信息感知与传输平台主要包括信息感知设施与信息传输设施两部分。信息感知设施是指位于城市信息化体系前端的信息采集设施与技术，如遥感技术、射频识别技术、GNSS 终端、传感器以及摄像头视频采集终端等；信息传输设施主要是指有线及无线网络传输设施，包括光纤通信网络、4G/5G 无线通信网络、重点区域的 WLAN 网络、微型传感器等，以及相关的服务器、网络终端设备等。简而言之，通过这些设备或平台构建泛在的城市物联网。

2. 信息管理与计算平台

信息管理与计算平台主要包括数据集成管理与信息计算服务两个方面。数据集成管理主要是借助数据仓库技术进行分类管理，组成智慧城市的数据库系统，涉及基础数据库、专题数据库（资源环境数据库、社会经济数据库、人口数据库、法人数据库、城乡规划管理数据库）、图像数据库、视频数据库，以及面向应用的主题数据库。在数据管理的基础上，进一步借助云计算技术，通过资源共享与服务平台为智慧城市经营管理与服务系统及决策支持提供数据信息与计算服务。

3. 资源共享与服务平台

智慧城市的资源共享与服务平台通常基于面向服务的架构（SOA）和云计算的共享服务中心，平台集成遥感（RS）、地理信息系统（GIS）、全球导航卫星系统（GNSS）、虚拟现实（VR），为智慧城市的经营管理与服务系统及决策支持提供分析技术、软件服务、平台服务、设施服务等，可以实现整个城市的资源管理、流程管理、应用请求响应、应用服务提供等任务。

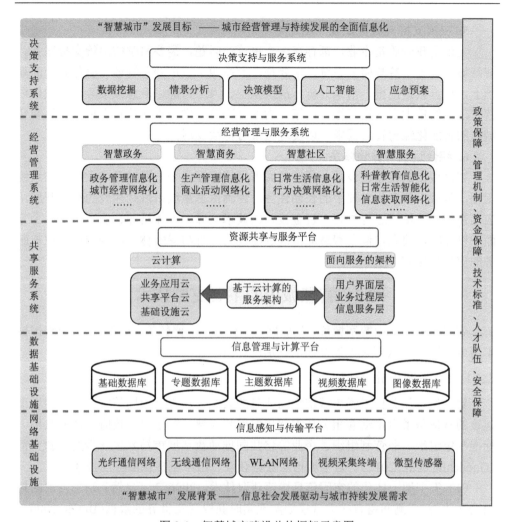

图 8-1 智慧城市建设总体框架示意图

4. 经营管理与服务系统

智慧城市经营管理与服务系统包括智慧政务、智慧商务、智慧社区、智慧服务等方面。智慧政务是电子政务的进一步发展，主要涵盖政务管理信息化及城市经营网络化，涉及城市资源管理、规划管理、环境保护、旅游经营等各种职能；类似地，智慧商务是电子商务的智能化发展，主要实现生产管理信息化及商业活动网络化；而智慧社区是数字社区的进一步深化，实现市民日常生活信息化与行为决策网络化；智慧服务则是面向广大民众开展的智能化服务，涉及科普教育信息化、日常生活智能化，以及信息获取网络化。

5. 决策支持与服务系统

无论是政府还是企业，都存在综合决策的问题，需要科学的决策支持服务。智慧城市决策支持与服务系统，主要是在上述四个城市经营管理与服务系统的基础上，结合数据挖掘、情景分析、决策模型、人工智能、应急预案等，对城市经营管理中的重大事件进行综合决策，为综合决策提供技术和信息支撑，满足智慧城市的智能化经营管理需求，以实现城市可持续发展。

6. 综合运维与保障体系

智慧城市的规划建设是一项涉及城市经营管理各个方面以及广大市民的系统工程，是城市信息化发展中的长期任务。为确保智慧城市规划建设的有序开展，应当在相关政策、运行机制、资金投入、技术支撑、人才培养、安全防范六个方面予以保障，建立与健全智慧城市规划建设的运维与保障体系，为城市管理与服务的信息化保驾护航。

8.3　智慧城市的主要支撑技术

智慧城市主要由数字城市、物联网、云计算（李德仁等，2012）三大类支撑技术组成。以下就这三大类支撑技术分别进行简单介绍。

8.3.1　数字城市相关技术

数字城市相关技术涵盖城市空间信息的获取、管理、使用等方面，数字城市建设的具体需求也推动着相关技术逐步发展和成熟。在未来，政府、研究机构、标准制定组织、非营利组织、企业等将共同推动数字城市技术进一步发展和完善（Goodchild et al., 2012）。数字城市从数据获取、组织到提供服务的技术如下。

（1）天空地一体化的空间信息快速获取技术。2006 年《自然》杂志发表的封面论文认为，观测网将首次大规模地实现实时获取现实世界的数据（Butler, 2006）。现在，天空地一体化的空间信息观测和测量系统已经初具雏形，空间信息获取方式也从传统人工测量发展到太空星载遥感平台、全球卫星导航系统，再到机载遥感平台（Zyl et al., 2009）、地面的车载移动测量平台等。空间信息获取和更新的速度越来越快，定位技术将由室外拓展到室内和地下空间，多分辨率和多时态的观测与测量数据与日俱增。数字城市具有监测各种分辨率下空间信息的能力，如土地类型、建筑、道路、市政设施等城市信息（李德仁和沈欣，2005）。

（2）海量空间数据调度与管理技术。面对数据容量不断增长、数据种类不断增加的海量空间数据，PB（petabyte）级及更大的数据量更加依赖于相关数据的调度与管理技术，包括高效的索引、数据库、分布式存储等技术。

（3）空间信息可视化技术。从传统二维地图到三维数字城市，数字城市的空间表现形式由传统的、抽象的二维地图发展到与现实世界几近相同的三维空间中，使得人类在描述和分析城市空间事务的信息方面获得了质的飞跃。例如，包含真实纹理的三维地形和城市模型可用于城市规划、景观分析、构成虚拟地理环境和数字文化遗产等（Gruen, 2008）。

（4）空间信息分析与挖掘技术。数字城市中基于影像的三维实景影像模型，可构成仿真街景实景影像，用于用户自主的实时按需量测，以挖掘有效信息。

（5）网络服务技术。数字城市作为一个空间信息基础框架，可以整合集成来自网络环境与地球空间信息相关的各种社会经济信息，然后通过 Web Service 技术向专业部门和社会公众提供服务。

8.3.2 物联网技术

"物联网"的概念于 1999 年提出，最初的定义为"把所有物品通过射频识别等信息传感设备与互联网连接起来，实现智能化识别和管理"。中国在同年也提出了相关概念，并由中国科学院启动了相关的研究和开发，当时称为"传感网"。在国家大力推动工业化与信息化融合的大背景下，物联网是工业化和信息化过程中一个比较现实的突破口。物联网能够实现人与人、人与机器、机器与机器的互联互通，充分发挥人与机器各自的优势。关于物联网的相关技术在第 7 章已有详细介绍，这里不再赘述。

8.3.3 云计算技术

云计算是一种基于互联网模式的计算，是分布式计算和网格计算的进一步延伸和发展，是随着互联网资源配置的变迁逐渐形成的。计算机交互服务一度未能脱离硬件的桎梏，直到出现了基于虚拟化的云计算，软件和交互服务才完全与硬件无关，同时也无须关注硬件的维护（李德毅, 2010）。

支撑信息服务社会化、集约化和专业化的云计算中心通过软件的重用和柔性重组，进行服务流程的优化与重构，提高利用率。云计算促进了软件之间的资源聚合、信息共享和协同工作，形成面向服务的计算。云计算能够将全球的海量数据进行快速处理，并同时向上千万的用户提供服务（Barroso et al., 2003）。

云计算关键技术使得用户无须关心操作系统、数据库、平台软件环境、底层硬件环境、计算中心的地理位置、软件提供方和服务渠道，如同使用电力一样方便。云计算可以让用户更加自然和快捷地使用个性化的交互服务。

8.4 智慧城市造福人类

智慧城市基于物联网、云计算等新一代信息技术，实现全面透彻的感知、宽带泛在的互连、智能融合的应用。通过信息技术实现城市公共安全、交通、城管、矿山、农业、食品、医疗等方方面面的智能化和信息化，从而造福人类。下面从智慧食品、智慧医疗、智慧市政、智慧家居、智慧交通和智慧城管几个领域介绍智慧城市是如何造福人类的。

1. 智慧食品——安全食品追踪

食品安全是公众关注度较高的领域。利用应用条码、射频识别、传感器等物联网技术，可以建立起覆盖食品生产、加工、销售等各个环节的信息联网系统，系统地实现从食品生产到销售过程的全程编码，形成一个以编码管理为溯源手段的质量信用信息平台。市民可以随时通过食品回溯系统查到生产、批发、零售等环节的详细信息。一旦出现食品安全问题，就能快速识别涉及食品安全问题的企业，使得食品生产公开透明，有效监督企业提升食品的质量和卫生条件。通过食品安全追踪系统的建设，能够有效提高食品相关企业的社会责任、食品安全责任和法律责任，进而有效提升政府的监管责任、社会责任和法律责任。

2. 智慧医疗

1）个人保健

通过在人身上安装不同的传感器，能够对人的健康参数进行监控，并实时传送到相关的医疗保健中心。倘若某人的身体有异常，保健中心可通过手机提醒他到医院检查身体。这是智慧医疗在个人保健方面的应用案例（图 8-2）。

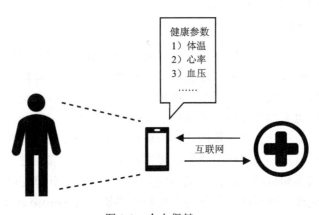

图 8-2 个人保健

2）远程医疗

智慧医疗的另一典型案例是远程医疗。通过远程医疗，可实现各级医院之间医疗卫生人才资源、医疗信息资源和医疗文件资源的共享，医学检验和影像检查结果的互认，大型贵重和特殊医学仪器设备的共享，药物不良反应监测结果的共享，重要医疗救治资源的共享等，将有效提高医院资源的使用效率，从而提升管理水平和医疗服务质量。

3. 智慧市政

平安城市是智慧市政的典型应用案例。利用部署在大街小巷的监控摄像头，实现图像敏感性智能分析，并与110、119、112等进行交互，实现探头与探头、探头与人、探头与报警系统之间的联动，从而构建和谐安全的城市生活环境。针对不同的群体，可提供报警、视频、联动等多种组合方式，将110/119/122报警指挥调度、GNSS车辆反窃防盗、远程可视图像的传输、远程智能电话报警及公安地理信息系统（police GIS，PGIS）等有机地连接在一起，实现火灾发生实时联动的报警、犯罪现场远程可视化及定位监控同步指挥调度，从而促使城市安防从"事后控制"向"事前预防"转变，提升城市的安全程度和人民生活的舒适程度。

实现与平安城市相关的三网合一系统、智能监控系统、综合GIS系统、电子警察系统、治安卡口系统的集成与联动，可以有效利用公安内部各种数据资源，提高出警与指挥效率，构建新一代的平安城市指挥中心平台。

4. 智慧家居

智能家居是指以计算机技术和网络技术为基础，将各类消费电子产品、通信产品、信息家电及智能家居等设备，通过不同的互连方式进行通信和数据交换，实现家庭网络中各类电子产品之间"互联互通"的服务。以住宅为平台，利用综合布线技术、网络通信技术、安全防范技术、自动控制技术、音视频技术集成与家居生活有关的设施，架构高效的住宅设施与家庭日程事务的管理系统，提升家居安全性、便利性、舒适性、艺术性，并实现环保节能的居住环境。

5. 智慧交通

智慧交通是在交通领域中充分运用物联网、云计算、人工智能、自动控制、移动互联网等现代电子信息技术并面向交通运输的服务系统。以交通信息中心为轴，实现城市的各种交通信息，如公共汽车系统、出租车系统、城市轻轨系统、城市高速路监控信息系统、车速信息系统、电子收费系统、道路信息管理系统、电子通信系统、车内导航系统等的综合性集成。终端综合管理系统（integrated terminal management system，ITMS）使道路、使用者和交通系统之间紧密、活跃和稳定的信息传递与处理成为可能，从而为出行者和其他道路使用者提供实时的交通信息，使其能够对交通路线、交通模式和交通时间做出充分、及时的判断。

6. 智慧城管

智慧城管是通过远程监控、GPS监控、GIS三维全息全景的方式，为城市管理提供全面的智慧化管控平台。智慧城管是应用和整合多项数字城市技术，采用万米单元网格管理法和城市部件管理法相结合的方式，实现城市空间的精细化管理和城市对象的精确化管理。智慧城管的实现需要系统建设符合城市管理需求的应用子系统，包括无线数据采集系统、呼叫中心受理子系统、协同工作子系统、数据交换子系统、地理编码子系统、GIS监督指挥子系统、构建及维护管理子系统、基础数据资源管理子系统、综合评价子系统等。

参 考 文 献

李德仁, 沈欣. 2005. 论智能化对地观测系统. 测绘科学, (4): 9-11, 3.

李德仁, 姚远, 邵振峰. 2012. 智慧城市的概念、支撑技术及应用. 工程研究：跨学科视野中的工程, 4(4): 313-323.

李德毅. 2010. 云计算支撑信息服务社会化、集约化和专业化. 重庆邮电大学学报(自然科学版), 22(6): 698-702.

连玉明. 2003. 中国城市蓝皮书. 北京:中国时代经济出版社.

Barroso L A, Dean J, Holzle U. 2003. Web search for a planet: The Google cluster architecture. Micro, IEEE, 23(2): 22-28.

Butler D. 2006. 2020 Computing:Everything, everywhere. Nature, 440(7083): 402-405.

Goodchild M F, Guo H, Annoni A. 2012. Next-generation digital earth. Proceedings of the National Academy of Sciences, 109(28): 11088-11094.

Gruen A. 2008. Reality-based generation of virtual environments for digital earth. International Journal of Digital Earth, 1(1): 88-106.

Zyl T, Simonis I, Mcferren G. 2009. The sensor web: Systems of sensor systems. International Journal of Digital Earth, 2(1): 16-30.

第9章 智能城市与智慧城市

智能城市与智慧城市之间存在密切的联系，同时又具有明显的不同之处。为了进一步厘清智能城市与智慧城市的基本概念、相互关系和建设原则，本章首先介绍智慧城市与智能城市的概念，其次介绍智慧城市与智能化的关系，最后介绍智慧城市建设的基本原则。

9.1 智慧城市与智能城市的概念

9.1.1 智能城市与智慧城市的基本概念

智能城市及智慧城市是新一代信息技术支撑、知识社会创新 2.0 环境下的城市形态，受到世界各国的高度重视（陈如明和程方，2012）。智能城市是智慧城市发展过程中的一个中间形态，是智慧城市从数字化到智能化，再到智慧化的中间过程。智慧城市的数字化阶段的重点在于数字集成。在数字化阶段，信息的集成实现了高效流通以及基础设施和公共服务成本的降低，达到了城市信息化的目的。智慧城市的数字化阶段正是数字城市建设的核心内容。

智能化过程是实现智慧城市建设的更重要的阶段。在实现数字化之后，智能化阶段引入了更多的信息技术来支撑。在互联网、大数据、物联网和人工智能等信息技术的支撑下，许多事物和事件都可以通过智能化的技术手段，建立起满足人们各种需求的应用模式。到了这一阶段，只能称之为智能城市，还不是智慧城市。

在实现智能化之后要继续实现智慧化，这不仅仅是技术层面上的问题。因为智慧化阶段强调对自然与人文的感知，加上人工智能等技术的参与，使城市如同人脑一样拥有智慧。因此，智慧城市是智能城市向更高阶段发展的城市形态。智慧城市建设种类如图 9-1 所示。

9.1.2 智慧城市的基础特征

智慧城市的核心特征在于"智慧"，而智慧的实现，有赖于建设广泛覆盖的信息网络，搭建深度互联的信息体系，构建协同的信息共享机制，实现信息的智能处理，并拓展信息的开放应用等基础特征，如图 9-2 所示（巫细波和杨再高，2010）。智慧城市的四大基础特征包括全面透彻的感知、宽带泛在的互联、数据的融合应用、以人为本的可持续创新。

图 9-1　智慧城市建设种类

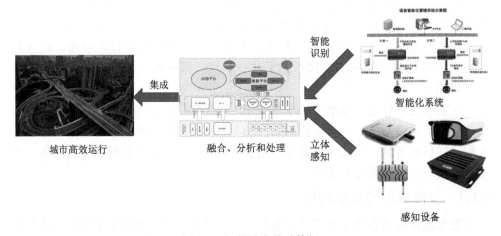

图 9-2　智慧城市基础特征

1. 全面透彻的感知

　　智慧城市利用各类感知设备和智能化系统，通过智能识别和立体感知等技术感知城市各方面信息的变化，然后对所感知的数据进行融合、分析和处理，并且与各类业务流程进行智能化集成，最终达到可以主动做出响应，促进城市各个关键系统高效运行的目的。全面透彻的感知即为智慧城市的第一个特征。

2. 宽带泛在的互联

通过全面透彻的感知，可以获取海量的感知数据，下一步需要将这些数据送到处理数据的下一个模块，同时要注意数据的时效性，这涉及海量数据的实时传输问题，于是就引出了智慧城市的第二个特征——宽带泛在的互联。宽带泛在网络作为智慧城市的"神经网络"，大大增强了智慧城市作为自适应系统的信息获取、实时反馈以及随时随地提供智慧服务的能力。

3. 数据的融合应用

数据传送工作完成后，关键在于如何利用这些数据进行应用。由于这些数据在使用之前的性质是截然不同的，需要将其融合再进行分析应用，才能充分发挥出最大的效果。通过智能融合技术实现对海量数据的存储、计算与分析，进而通过人的"智慧"参与大大提升决策支持的能力。基于云计算平台智慧工程组成的系统将构成智慧城市的"大脑"，从而实现智慧城市的第三个特征——数据的融合应用（陈全和邓倩妮，2009）。以智慧交通为例，对于一个如此庞大的系统，既包括云数据的存储，计算和分析，也包括终端的数据获取和用户对计算分析结果的实际使用。

4. 以人为本的可持续创新

智能城市主要强调的是智慧城市的前三个特征中的信息技术应用方面，而智慧城市与智能城市完全不同的是第四个特征——以人为本的可持续创新。智慧城市不仅在面向知识社会的下一代创新，重塑了现代科技中以人为本的内涵，也重新定义了创新中用户的角色、应用的价值以及协同的内涵和大众的力量。

9.2 智慧城市与智能化的关系

9.2.1 智慧城市的三个层次

本节将继续剖析智慧城市与智能化之间的区别与联系。智慧城市整体框架分为三个层次：数字化、智能化和智慧化。数字城市是对城市进行数字化的过程，是通过信息技术手段构筑智慧城市的基础；智能化，是利用传感器等信息感知设备，采集与交换城市各项主体的数据信息；智慧化，则是在数字化和智能化的基础上，根据不同的应用方向，管理、运用城市各项主体的数据信息为城市化服务，通过多个智能系统联动，组成一个庞大的智慧系统（方丹丹和陈博，2012）。下面主要来介绍这三个层次之间的区别。

1. 数字化

第一个层次：数字化。数字化在政务系统、医疗、教育等行业中都有广泛的应用。事实上，以"数字政府"和"电子政务"等为代表的数字化阶段，是智慧城市的初级阶段，也是目前绝大多数智慧城市建设所处的阶段。举个例子，广州有一条非常有名的步行街叫北京路，现在北京路的十字路口都放置了摄像头，通过这些摄像头的传感器可以记录在路口经过的人数，这就是数字化。通过系统后台可以掌握整个北京路十字路口的人流情况。

2. 智能化

第二个层次：智能化。智能交通（王家耀等，2017）是当下最典型的城市智能应用，其基本逻辑之一就是通过摄像头、卡口、雷达和浮动车等采集路口的交通量以及路段的行车速度，然后通过数学模型，计算更合理的信号灯的配置，代替传统的固定程序或者手动控制，从而增加路口乃至整个路网的通行效率。通过数字化手段可以获得相应道路的人流量数据，根据这些人流量数据，可以进一步智能地调节相应道路上的红绿灯状态，从而让车辆或者行人通过的时候达到效率最大化，以缩短等候的时间，这就是智能交通。智能交通可带给我们更多的便利，例如，在装有智能交通系统的路口逛街时，不需要把大量时间耗费在等待车流量很小的红绿灯路口了。

智能化的前提是对城市数据的全面感知，包括高频度、高时空精度、多维度的数据，有了这些数据才能够支持精细化的建模和相对准确的预测推演。在智能化阶段，智能算法和算力起到了至关重要的作用。尽管智能化的应用越来越多地出现在智慧城市的建设中，但大多数还是比较初级的，一部分原因是数据资源不足或者质量不高，人工智能还无法发挥出真正的作用。因为只有针对性地主动采集和汇聚大量的、高质量的、结构化和非结构化的城市数据样本库，人工智能才能在更多的领域发挥出更大的作用。

3. 智慧化

第三个层次：智慧化。智能化的交通系统是智能交通，而智慧交通比起智能交通则有了质的飞跃。与智能交通不同的是，智慧交通不仅仅关注某市一条路上的交通状况，而是需要将整个城市不同出行方式的数据，以及与交通出行的相关信息（如社区、基础设施、通信设施的空间位置分布等数据）集成起来，进而形成一个综合的解决方案。智慧交通是智慧城市的重要组成部分，它是在智能交通的基础上，融入物联网、云计算、大数据、移动互联等高新技术，通过高新技术汇集交通信息，提供实时交通数据下的交通信息服务，使用了大量数据模型、数据挖掘等数据处理技术，实现了智慧交通的系统性、实时性、信息交流的交互性以及服务的广泛性。

通过对智慧交通和智能交通的对比，可以总结出，智慧城市如同人类的大脑，和人类大脑的中枢神经一样，以五官作为传感器，接收到的所有信息通过大脑做出一个综合性的决策。智慧城市是一个有机结合的整体，而智能化不仅是智慧城市建设中的一个重要的发展过程，同时也是在建设过程中体现核心支撑技术的重要组成部分。

总体来说，城市的数字化、智能化和智慧化是交错演化的。因此，在政务、交通、生活教育等生活的各方面，都经历着从数字化到智能化再到智慧化的这样一条"必经之路"。

9.2.2　智慧城市中的智能化技术应用

智能化是智慧城市的重要组成部分，智慧城市中包括许多智能化的技术，如 5G、物联网、时空大数据、云平台、区块链、人工智能等。

1. 5G

5G 是最近几年发展起来的新兴技术，它的三大重要特征包括大带宽、大连接和低时延。它比起过去的 4G 具有很大的优势。5G 技术在智慧城市中的应用十分广泛。

2. 物联网

物联网是指通过各种信息传感器以及包括射频识别技术、全球定位系统、红外感应器、激光扫描器等在内的各种装置与技术，实时采集任何需要的监控，从而连接物体并与其产生互动的技术（孙其博等，2010）。物联网技术在智慧城市建设中担任中枢神经系统的角色，主要是在感知城市信息之后进行分析处理，最终为人们提供优质的服务。

3. 时空大数据

什么是时空大数据？举个例子，当人们去一个从来没有去过的地方游玩时，有时候甚至刚进入那个地界，没有拍照，也没有发朋友圈和微博，马上就能收到各种关于周边吃喝玩乐的信息推送，这就是时空大数据的体现。时空大数据是指基于统一的时空基准（空间参照系统、时间参照系统），存在于空间与时间中，与位置直接（定位）或间接（时空分布）相关联的大规模海量的时空数据集。通过时空大数据，能够第一时间获取周边的精准信息。时空大数据是实现城市智慧化的关键支撑技术，能为各个领域提供强大的决策支持。

4. 云平台

常见的各种云盘或在线翻译软件都使用了云平台技术。云平台是基于硬件资源和软件资源的服务，在线提供计算网络和存储能力。云平台具有强大的数据分析计算能力，在智慧城市建设中，作为智慧城市的"大脑"，全面协调城市的运转。

5. 区块链

区块链是近几年备受关注的技术之一（袁勇和王飞跃，2016）。区块链是一个分布式的共享账本和数据库，它的特点包括不可篡改、全程留痕、可以追溯、公开透明等，这些特点保证了区块链的"诚实"与"透明"，为智慧城市建设奠定了信任的基础。区块链技术在智慧城市建设中的作用，一方面是提升运营效率，另一方面是保障数据的安全。

6. 人工智能

人工智能的应用在日常生活中已经很常见，如在饭馆送菜、在酒店送外卖的机器人。人工智能是开发用于模拟、延伸和扩展人的智能的理论、方法、技术及其应用系统的一门新的技术学科。人工智能技术是实现城市智慧化的关键，不仅能够对城市活动进行分析模拟，而且可以通过模仿人类的思考方式进行分析，借鉴人类的智慧使城市具备主动思考能力（张永民，2016）。

9.2.3　智慧城市存在的问题与展望

当前建设智慧城市仍然存在一些问题，包括认知方面、规划方面、着重点方面以及人才方面。

首先，在认知方面存在着差异。智慧城市的建设者对智慧城市的认知主要停留于技术层面，对上层的架构则很少提及。其次，是规划不系统。一方面是在信息化建设上，缺少制订长期的城市发展规划以及信息产业发展的管理措施等；另一方面则是城市管理体系的不健全，导致其成为我国智慧城市建设的快速推动的阻碍。再者，是在着重点方面。建设者重建设和轻应用的思想，一方面视智慧城市为"政绩工程"，只以产品技术的领先性彰显建设成效，另一方面却忽视了市场需求，忽视了方便市民的应用的开发和推广，使得本来市场前景非常好的智慧项目"名存实亡"。最后，是人才方面。在智慧城市建设中，技术创新型人才十分紧缺，尤其是高级专业技术人才和复合型人才。这些问题都严重制约了信息化平台的运行效率和质量，智慧城市作为有机体和复杂的巨系统，仅仅依靠先进的科学技术是远远不够的。

前面提到了许多智能化的技术，那么只是将这些技术简单的组合起来，并不等同于智慧城市，在当前这个信息化的时代，智慧的前提是什么，应该说是信息的发达、开放和共享。然而现今城市的治理结构和模式也存在的相关的问题，不能单靠数字化和智能化来解决，智能化所发挥的作用只能解决城市发展过程中的部分问题，而城市的智慧必须依赖于管理者自身和人的智慧来实现。

9.3　智慧城市建设的基本原则

2020年，习近平总书记在杭州考察时指出，推进国家治理体系和治理能力现代化，必须抓好城市治理体系和治理能力现代化。运用大数据、云计算、区块链、人工智能等前沿技术推动城市管理手段、管理模式、管理理念的创新，从数字化到智能化再到智慧化，让城市更聪明一些、更智慧一些，是推动城市治理体系和治理能力现代化的必由之路，前景广阔。

在当前这个信息化的时代，面对大城市这个"巨系统"，城市治理的难度前所未有。因此，近年来不少地区将前沿技术广泛应用到城市管理中，借助大数据、物联网、云计算等现代信息技术，让城市变得更聪明、更智慧。例如，在新冠疫情期间推广的"健康码"，就在"数智防疫"的硬仗里发挥了重要的作用。

智慧其实是一个很"高级"的词，为什么这么说，因为"智慧"是生命具有的基于生理和心理器官的、高级的创造思维能力，包括对自然与人文的感知、记忆、理解、分析、判断和升华等。因此，尽管大数据具备了多维度和大样本量的特性，加上人工智能技术的赋能，人类比以往任何时候更加接近复杂的系统全貌，但仍然不足以被称为可以驾驭城市系统的"智慧"。作为有机体和复杂的巨系统，城市几乎不可能实现完全意义上的可预测和可控制性。事实上，大多数城市系统和人与社会相关，因此人与社会系统的认知和治理是实现城市智慧的关键所在，这些虽然大都可以依托信息技术实现，但技术以外的理念与机制更为重要。这些理念与机制，可以通过以人为本、问题导向、可持续性和众包开放这四个方面实现。

1. 以人为本

它强调的是人的需求和感受。在未来智慧城市的建设中，价值观将不断回归人本主义而非技术主义。规划设计和建设城市，只有从设计之初，切实从所有市民的需求和感受出发，才能规划建设出以人为本的城市。如居民意见的收集箱、自动化的门禁系统和层出不穷的智能家具等，都是"以人为本"理念的具体体现。

下面看一个智慧城市建设中体现"以人为本"的案例，多伦多作为加拿大国家金融中心和重要的港口城市，是全球多元化的都市之一。在智慧城市社会公共服务、城市管理，以及节能环保等方面都取得了良好的成绩。它主要采用了建设信息基础设施，推广电子政务应用和发展信息服务产业等措施，来体现出城市的人文关怀。在信息基础设施方面，多伦多市开通了长期演进（long term evolution，LTE）的商用网络，电力呼叫中心平台采用了虚拟天线阵列（virtual antenna array，VAA）的多媒体的交换机系统等，向消费者和商务用户提供最优质的网络服务，实现电力公司对整个电力行业的智能管控。在电子政务应用方面，设立了相关项目，旨在帮助居民更好地了解所居住的社区，进一步加强市民对市政府的了解，加强公众与政府之间的连接和沟通。在信息服务产业上，通过信息服务业的集群发展战略，多伦多已成为全球信息服务业务研究与商务投资领域最具有创新精神的城市之一。

2. 问题导向

纵观国内外成功的智慧城市案例，无一不是针对具体城市问题提出解决方案。虽然应用的是最先进的技术，但智慧城市并非单纯目标导向的蓝图式规划，其发展和建设的目的，是更好地解决现有的城市问题，为市民提供面向未来的、高质量的生活方式。要合理高效地解决问题，首先要准确地发现问题，其次要有寻找解决方法的良好机制。

杭州市建设的智慧城市，是能够体现"问题导向"原则的智慧城市的典型案例。2018 年 5 月，杭州市正式对外发布了全国首个城市数据大脑规划文件。根据《杭州市城市数据大脑规划》，到 2022 年，杭州市要基本完成城市数据大脑在各行各业的系统建设，并作为支撑城市可持续发展的基础设施。除了交通领域外，城市大脑还将拓展深入到医疗、平安、城管、旅游等领域中，打造"移动办事"之城。杭州市以问题为导向的思路，主要体现在搭建了公共服务平台和建立了城市数据大脑。作为中国信息化和数字化建设的领先城市，杭州市近年来在智慧政务、智慧公共服务和智慧产业等领域频频发力，以数字化和智能化带动的技术、管理、服务和产业创新，努力打造"国内领先，世界一流"的智慧城市。为了解决杭州市交通拥堵问题，杭州市政府设立了城市数据大脑，借助大数据、云计算和人工智能等技术，优化了城市公共资源配置，实现建设可以支撑城市可持续发展的基础设施的战略目标。

3. 可持续性

城市发展要以整个人类文明的永续传承和使后人享受更高质量的生活为目标，更加智慧的城市，势必具有可持续发展的能力。新兴科技为城市核心系统的设施提供了更加智能高效的调配方案，大大减少了物质和资源的损耗。智慧城市的可持续性体现在城市的方方面面，如新能源汽车，节能路灯、能源管理系统等。

维也纳是体现"可持续性"原则的智慧城市的又一个典型案例，它作为奥地利的首都，在智慧城市建设中侧重交通、住房、通信、能源、资源等领域的节能减排。为此相继制定了"智慧能源愿景 2050""2020 年道路计划"等一系列的规划文件，进一步明确了智慧城市建设的低碳减排目标。在城市建设管理应用方面，推动了"城市交通总体规划"和"电动交通计划"，以改善城市建设管理中的交通拥堵和尾气污染等问题。在地下水管网应用方面，搭建给排水系统，应用系统技术体系解决排水问题。在绿色城市建设方面，采用了燃烧和气化技术，将回收的固态垃圾和废水转化为新能源。政府在绿色采购方面起到了良好的表率和带头作用，相继颁布和实施了 63 项生态采购标准，强化了维也纳政府对绿色城市建设的顶层设计和统筹引领的作用。

4. 众包开放

城市问题往往涉及复杂的利益相关方，各方诉求往往各不相同，寻找解决方案的途径是将所有利益相关方联系起来，把所涉及的问题充分讨论，考虑各方需求后得出相关的解决方案，将市民作为城市的天然传感器，帮助城市管理者源源不断地发现并主动解决问题。例如，在国内在很多城市的管理应用中，内置了"随手拍"功能,通过一些物质奖励,积极引导市民积极提供线索。

智慧城市的建设,就是通过跨界创新,为多元的社会公众、企业和组织等提供相关的服务和支持,通过泛民众化的平台影响力,聚集众包的力量和智慧,聚焦城市公共产品与公共服务领域创新创业的孵化,实现多方合作的共赢(刘志迎等,2015)。在实施主体方面,以企业为主,政企充分合作。在实施运营方面,实现多元化的融资和收益模式,形成以企业为主,多方参与的模式。例如,日本柏叶智慧城市的建设,以土地的开发者三井公司为主,在规划设计中,根据发展的不同阶段,逐步吸引日立公司、千叶大学和日建集团等具有不同特点和专长的企业合作,吸纳土地拥有者和使用者一起组建合作建设的机构,统一理念、注重协商,在政府的规划指导下,在建设智慧城市理念相同的情况下,参与各方就开发规划和项目实施进行协商沟通,解决项目建设存在的问题,并不断地调整建设方案。

真正意义上的智慧城市,是需要通过信息技术,充分发挥人的智慧来实现的。一是要以人为本;二是要真正解决人的问题;三是要让人来参与;四是不仅要为现代人考虑,也要为后人着想。只有这样,才能使智慧城市建设成为城市创新平台,发挥多元主体的创造力。通过数据驱动,再造城市运营与管理的整个流程,最终创造美好的城市未来。

参 考 文 献

陈全, 邓倩妮. 2009. 云计算及其关键技术. 计算机应用, 29(9): 2562-2567.

陈如明, 程方. 2012. 智能城市及智慧城市的概念, 内涵与务实发展策略. 数字通信, 30(5): 3-9.

方丹丹, 陈博. 2012. 智慧城市系统架构研究. 未来与发展, 35(12): 23-26, 22.

刘志迎, 陈青祥, 徐毅. 2015. 众创的概念模型及其理论解析. 科学学与科学技术管理, 36(2): 52-61.

孙其博, 刘杰, 黎羴, 等. 2010. 物联网:概念、架构与关键技术研究综述. 北京邮电大学学报, 33(3): 1-9.

王家耀, 武芳, 郭建忠, 等. 2017. 时空大数据面临的挑战与机遇. 测绘科学, 42(7): 1-7.

巫细波, 杨再高. 2010. 智慧城市理念与未来城市发展. 城市发展研究, 17(11): 56-60, 40.

袁勇, 王飞跃. 2016. 区块链技术发展现状与展望. 自动化学报, 42(4): 481-494.

张永民. 2016. 人工智能在智慧城市中的研究应用和发展前景. 中国建设信息化, (15): 62-64.

第10章　时空大数据与智慧城市

近年来，随着物联网、云平台、互联网等信息技术的深入应用，海量时空大数据逐渐涌现（李德仁等，2014；Liu et al.，2012）。大数据已渗透到人们的日常生活中，也使得智慧城市建设在信息的传递、信息的处理和分析，以及通信交流等方面的能力得到了显著的提高。本章首先概述时空大数据的相关概念，包括时空大数据的概念、特征、分类和作用；其次介绍时空大数据的主要支撑技术；最后介绍时空大数据在智慧城市中的典型应用案例。

10.1　时空大数据概述

10.1.1　时空大数据的概念

数据是事实或观察的结果，是对客观事物的性质、状态以及相互关系等进行记录的物理符号，或者若干物理符号的组合。数据包含信息，是信息的载体。大数据指的是那些无法在合理的时间内用常规的软件工具，对其内容进行抓取、管理和处理的数据集合。随着科技的发展，数据正呈指数级爆炸式地增长，丰富着大数据的主体。如人们手上的电子设备，它们无时无刻不在获取包括人们的个人信息、日常生活、消费爱好等文字、图片、视频、声音形式的数据。地理大数据由海量的地理数据集合而成，是通过各类传感器、物联网连接用户与设备的网络，可自动实时获取并持续更新的、具有地理位置信息的长时间序列数据，包括源于社交网络、公交刷卡、GPS 定位、智能手机的用户位置数据，基于无线传感器网络技术等收集的地面台站观测数据，对地观测的遥感数据等（程昌秀等，2018）。地理数据是以地球表面空间位置为参照，用来描述自然、社会和人文景观的数据。地理数据包括自然地理数据和社会经济数据。地理数据又常常被划分为空间数据和非空间数据。空间数据是指用来表示物体的位置、形态、大小分布等的信息，是对世界中存在的具有定位意义的事物和现象的定量描述，主要包括图形数据和影像数据。而非空间数据是指表达某种地物属性信息的数据，如各种路网数据中的路网名称、道路编号、路网长度、行政区划数据等。

时空大数据由基础地理时空数据和部门行业专题数据融合而成。基础地理时空数据包括时空基准数据、GNSS 与连续运行参考站（continuously operating reference stations，CORS）数据、空间大地测量与物理测量数据、海洋测绘和海图数据、摄影测量数据、遥感影像数据、"4D"（DEM、DOM、DSM、DTM）

数据和地名数据等；部门行业专题数据包括政府部门/企业/研究院所业务数据和科学数据、视频观测数据、搜索引擎数据、网络空间数据、社交网络数据、变化监测数据、与位置相关的空间媒体数据和人文地理数据等。时空数据的特点是既具有空间属性也具有时间属性，如共享单车的出行轨迹、快递踪迹、外卖骑手位置轨迹等数据，它们都是同时具备时间和空间属性的。其中，卫星遥感数据也是一种典型的时空数据，卫星在高空中过境捕获特定地表的信息同时也记录着过境的时间。

10.1.2　时空大数据的特征

随着智能感知、物联网、云计算等新兴信息技术的迅速发展，人类的位置、移动物体的轨迹、气象条件、城市环境的细微变化，都成了被感知、存储、分析和利用的时空数据。时空大数据往往蕴含丰富的地理知识，通过分析挖掘时空大数据，可以从中发现城市居民的活动规律、个人兴趣、社会动向及网络舆论方向等，从而支持政府决策（林珲等，2018）。

大数据的特征至今尚无统一定义，通常认为大数据具有规模性（volume）、多样性（varity）、高速性（velocity）和价值性（value）的"4V"特征（程昌秀等，2018）。大数据的规模性是指数据量大，随着互联网、物联网、移动互联技术的发展，人和事物的所有轨迹都可以被记录下来，数据呈现出爆发式增长。大数据的多样性是指数据类型复杂多样，包括结构型数据、非结构型数据、源数据、处理数据等。高速性是指大数据采集、处理计算速度较快，能满足实时数据分析的需求。价值性是指将原始数据经过采集、清洗、深度挖掘、数据分析后具有较高的商业价值。

随着移动互联网的快速发展，与之对应的产生的数据越来越多，人们创造数据的速度越来越快，各行各业里的数据也越来越庞大，利用大数据进行各类社会研究并服务于人类成为学术界的热点之一。与此同时，对大数据特征的描述也存在着不同（Kitchin，2013），例如，IBM 提出的大数据的"5V"特征：①大量（volume）；②多样（variety）；③低价值密度（value）；④高速（velocity）；⑤真实性（veracity）。

Kitchin（2013）提出的大数据具有以下 6 个特点：①大容量（huge in volume）；②高速率（huge in velocity）；③丰富多样（diverse in variety）；④大范围（exhaustive in scope）；⑤细粒度分辨率（fine-grained in resolution）；⑥灵活性（flexible）。

互联网时代的"大数据"热潮迅猛波及经济社会的各个领域，而地理学是大数据研究与应用的天然试验场。在大数据背景下，传感器网络、个体出行过程、网络行为、消费记录等均可能成为具有隐式地理空间形态的地理分析数据源，便于研究自然环境、社会动态、人口流动等。"大数据"被引入地理学研究，形成了地理大数据，地理大数据的出现促进了地理计算（geo computation）、城市计算

（urban computing）和社会计算（social computing）的交叉和融合（吴志峰等，2015）。相较于大数据，地理大数据还具备以下 4 个特点（Liu et al.，2015）：①具有较高的时空分辨率；②具有人类行为特征属性；③具有地理空间和时间信息；④每条数据往往可以关联到个体。

不同于大数据的特征，时空大数据的基本特征（王家耀，2022）主要包括以下几点。

（1）位置特征。点、线、面的三维空间位置（$S_i—X_i, Y_i, Z_i$），点、线、面的空间关系（拓扑、方向、变量）；由点构成线，由点、线构成面，由点、线、面构成体。

（2）属性特征。每个点、线、面、体都有自身的数量、质量特征。

（3）时间特征。物体（现象）的位置、属性等随时间变化而变化。

（4）尺度特征。空间尺度或比例尺随应用需求而不同，大比例尺为小尺度，小比例尺为大尺度。

（5）分辨率特征（针对影像）。包括空间分辨率、光谱分辨率和时间分辨率（重访周期）。

（6）异构性特征。包括时空基准、时间、尺度和语义等的不一致性和不完整性。

（7）多样性特征。数据类型多样（图像、文本、视频和音频）、数据结构多样（结构化、半结构化和非结构化）。

（8）巨量性特征。数据量巨大，达到 TB、PB、EB，甚至 ZB 级，需要科学先进的存储管理技术。

（9）多维特征。空间维 S_i（X_i, Y_i, Z_i）、属性维（D_i）和时间维（T_i）构成多维数据。

（10）价值隐含性特征。需要关联大量不相关的信息；数据隐含价值，需要进行数据挖掘以发现知识。

（11）快速性特征。因为是流数据，要做到事前而非事后，所以处理速度要快。

10.1.3　时空大数据的类型

大数据是复杂多样的，地理大数据的类型（Kitchin，2013）主要有以下 3 种。

（1）定向数据，通常由人工数字化的形式形成，如由于机器学习领域迅速发展涌现的数据标记工厂，其生产的数据集通常是由研究者付费指导工人手动标注形成的数据集。

（2）自动化数据集，这类数据通常来源于固定的设备，如智能手机、各种嵌入式传感器记录的数据。

（3）志愿数据，通常由用户提供，包括社交媒体的交互和数据众包。用户生成数据，然后志愿将其贡献给公共系统，如 OpenStreetMap。

典型的时空大数据有兴趣点（POI）、兴趣面（area of interest，AOI）、手机信令数据、社交媒体（微博、腾讯宜出行）数据、交通工具 GPS 数据、公交 IC 卡或地铁 IC 卡数据、共享单车数据等。

兴趣点（POI）指的是在地图上有意义的点，每个 POI 包含名称、类别、坐标、分类四方面信息。在地理信息系统中，一个 POI 可以是一栋房子、一个商铺、一个邮筒、一个公交站等。POI 数据能够赋能时空行为、城市规划、地理信息等研究。

兴趣面（AOI）又称信息面，指的是地图数据中区域状的地理实体，每个 AOI 包含名称、类别、坐标、分类四项基本信息。AOI 数据具有覆盖范围广、种类齐全、获取方便、时效性强、数据量大和数据稳定等特点。主要用于在地图中表达区域状的地理实体，如一个居民小区、一所大学、一个写字楼、一个产业园区、一个综合商场、一个医院、一个景区或一个体育馆等。图 10-1 为深圳市某社区的部分 AOI 数据。

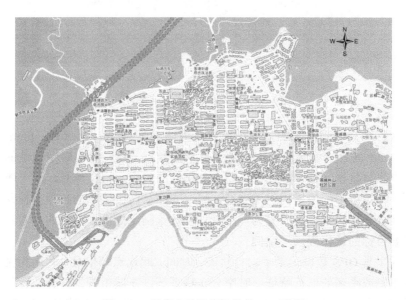

图 10-1　深圳市某社区的部分 AOI 数据

手机信令数据是手机用户与发射基站或者微站之间的通信数据，即通过手机用户在基站之间的信息交换来确定用户的空间位置，能相对准确地记录人流的时空轨迹。手机信令数据具有以下特点：一是大样本、覆盖范围广、用户持有率高，能更好地反映人流行为的时空规律；二是匿名数据，安全性好，没有任何个人属性信息，不涉及个人隐私；三是非自愿数据，用户被动提供信息无法干预调查结果；四是具有动态实时性和连续性，能准确反映在连续时间区段内，不同时间点手机用户所在的空间位置，为定量描述区域内人群流动轨迹提供了可能。图 10-2 是通过手机信令数据得到的某时刻东莞市某地区百度热力图。

图 10-2　东莞市某地区百度热力图

随着移动互联网技术的发展，用户在微博、facebook、twitter、foursquare、flicker、yelp 等社交媒体平台上产生了海量的数据，这些带有时空属性的大数据称为社交媒体数据。社交媒体数据蕴含着丰富的时空、语义信息，一方面为度量人们在不同场所中的情感提供了途径，另一方面从居民认知的角度，辅助理解城市的空间分异格局。这些研究为城市规划和政策制定提供了有效的参考，也为可持续发展目标的量化提供了案例。

交通工具 GPS 数据记录了出行轨迹、时间、起讫点等信息，利用相关算法可以挖掘车辆或乘客的运行特征、时空分布特征等，在城市规划、交通管理等方面意义重大。图 10-3 显示了深圳市某地区出租车出行量的分布情况，其由 GPS 出行轨迹数据处理获得。

公交 IC 卡或地铁 IC 卡收费系统的刷卡交易数据记录了乘客的出行时间、乘车线路等信息。分析和挖掘这些数据，可以获得乘客的出行特征和规律，这对于提高公共交通系统的规划和管理水平具有重要意义。图 10-4 是根据广州市中心城区地铁 IC 卡刷卡数据得到的各个地铁站点工作日（a）和休息日（b）全天进站出站客流以及工作日早进晚出（c）和早出晚进（d）的客流分布图（吕帝江等，2019）。

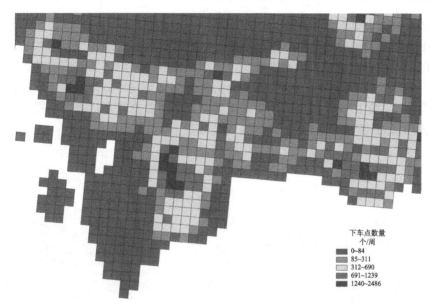

图 10-3　深圳市某地区出租车出行量分布图

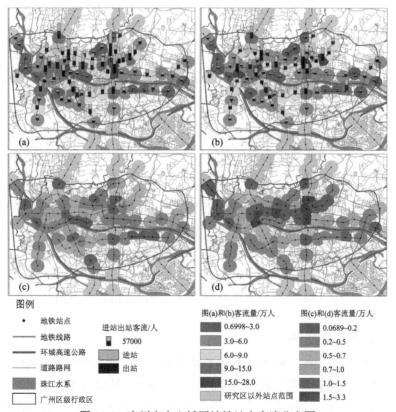

图 10-4　广州市中心城区地铁站点客流分布图

随着智能手机的普及和手机用户的激增，共享单车作为城市交通系统的一个重要组成部分，以绿色环保、便捷高效、经济环保为特征蓬勃发展。共享单车骑行数据可以实时表达城市的密度以及人们居住地和工作地之间的交通动态。通过对共享单车数据的深入挖掘和可视化分析，可有助于完善城市规划研究和共享单车运营体系。图 10-5 是根据广州市某地区共享单车数据进行计算分析得到的共享单车骑行目的地时空分布图（高枫等, 2019）。

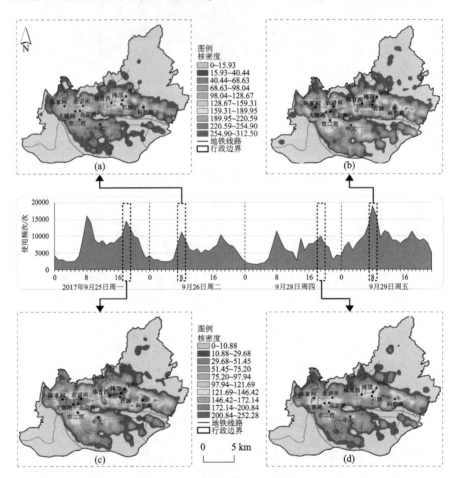

图 10-5　广州市某地区共享单车骑行目的地时空分布图

10.1.4　时空大数据的作用

时空大数据的出现，极大地丰富了城市的时空信息。在现实生活中，人们每天都在产生和创造着大量与城市相关的数据，如时空轨迹数据、手机信令数据、人口活动数据、视频监控数据等。同时，研究人员也在利用各种各样的技术手段来构建虚拟的城市,如室内建模、BIM/CIM 构建等。这些数据与相关的时空技术相互融合之后,将使得虚拟数据城市由静态走向动态,进而丰富城市的时空信息。

10.2　时空大数据的主要支撑技术

10.2.1　时空大数据的主要支撑技术概述

1. 云计算+GIS 技术

云计算的显著优点是能够按需提供 GIS 的计算和存储能力,其主要技术特点如下。

1)资源的可池化

云 GIS 资源池的配置和管理功能是根据自身的情况,合理地对 GIS 资源池进行资源规划。

2)站点的可调度性

GIS Server 站点智能化管理的动态调整,以及 GIS Server 站点内的计算节点个数,可以对应可预见的访问负载量。

3)服务的可度量性

云计算拥有基础设施资源情况统计和报表度量功能,可以快速了解业务系统运行所需的基础设施资源情况和规律,对用户使用资源的情况进行统计量化分析。

4)用户的可租用性

云计算支持多用户机制。它可以为每个用户提供相互独立的工作空间权限和访问策略来控制这些机制,实现安全的多用户和可控的基础架构的共享。

2. 大数据与云 GIS 的融合技术

大数据与云 GIS 的融合技术主要包括数据的获取与存储、数据处理与分析、数据挖掘、数据的可视化、数据融合几个方面。云计算通过对大数据的筛选、数据集的分析、分类/群聚的挖掘、模式的规划制定、可视化的表现与信息融合等步骤,来完成从数据的现状描述到诊断,实现知识服务。

3. 时空大数据可视化处理技术

通过对 POI 数据,以及地铁 IC 卡刷卡数据进行分析,可以得出广州市住宅小区的分布特征,以及上班族的通勤特征,这是大数据可视化的一种表现。时空大数据的可视化分析主要通过云环境数据的优化调度、资源的计算与绘制,实现多模态、全空间的时空大数据自适应可视化。

依托物联网,通过社会感知与遥感影像信息融合,可以在微观尺度实现城市管理部件可视化,可对感知内容进行识别、定位、跟踪和监管,并可以借助云计算及智能分析技术,对社会感知与遥感影像信息融合的多维海量的城市信息大数据进行实时处理,可以更好地辅助决策。

实现社会感知与遥感影像信息的融合过程，主要包括以下三个步骤：首先是利用不同类型的遥感平台获取的遥感影像信息来反演地理空间特征，用于获取物理景观分布及演化过程；其次是社会感知，主要是以人作为传感器获取信息，反演地理空间特征，用于揭示社会经济特征；最后是通过遥感影像信息和社会感知信息的融合，帮助人们更好地认知人类生活的地理空间。

10.2.2 时空大数据的统一管理

对于时空大数据而言，需要一个统一的空间框架，以便做到时空大数据的实时共享、信息对称、同步更新，防止信息孤岛和数据的重复建设。

图 10-6 中分别有市级地图、区级地图和镇级地图，以及各个部门所需要用到的数据，如地下管线数据、规划数据、国土数据、林业数据。将这些海量的时空大数据，都集中在一个云平台下进行管理，能够做到分层分级共享，实现在云模式下的地理空间框架建设的要求。

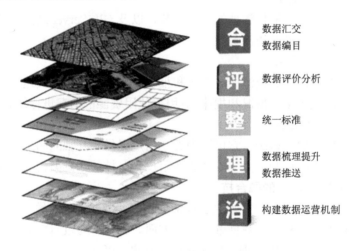

图 10-6 多种数据的融合

10.3 时空大数据的典型应用案例

10.3.1 智慧顺德

顺德，地处珠三角几何中心，北接广州，南近港澳，位于粤港澳大湾区内环核心圈，是广佛都市圈的重要组成部分。顺德产业基础雄厚，拥有中国家电之都、中国涂料之乡的美誉，被广东省确定为广东高质量发展体制改革创新试验区，连续八年获评全国综合实力百强区首位，十次获评中国全面小康十大示范县市。

顺德是我国最早一批智慧城市试点之一，一直以来，顺德区委区政府高度重视智慧城市建设,秉承统一、通用的建设思路和原则,目标是打造高起点规划和建设具有顺德特色的智慧城市,打造全国县区级新型智慧城市示范,助力广东省高质量发展机制体制改革试验区建设。

2017 年 2 月,顺德区委区政府印发了《顺德区智慧城市发展规划(2017—2020年)》。该规划围绕打造透明高效的在线政府,实现精细精准的城市治理,提供无处不在的惠民服务,促进绿色创新的产业发展四个目标,规划建设一个云计算中心,城市物联网和政务网两套网络,构建十大平台,以需求为导向,以应用促统筹,破除信息壁垒,连通数据孤岛,促进业务协同,最终实现智慧顺德跨越式发展。

2017 年 3 月,顺德区委区政府成立了由区委区政府主要领导任组长的智慧城市建设领导小组及办公室,正式确定了智慧顺德第一期项目建设内容:一个平台,两个中心和三大特色应用,即建设一个智慧顺德综合信息平台,一个智慧顺德综合指挥中心,一个智慧顺德云计算中心。同时,三大特色应用统一建设。为确保项目顺利推进,加强部门间的统筹,区委区政府引入高端人才,成立佛山市顺科智汇科技有限公司,作为智慧顺德第一期项目的建设方,于 2018 年 4 月正式启动智慧顺德一期项目建设。

其主要建设内容可以概括为以下四个方面。

1)办公环境通

整合全区应急、公安、三防、气象、环保、交通、城管、网格 8 个部门职能,建设占地 6000 m^2 的综合指挥中心,打造一门式城市应急指挥中枢。各应急部门平时各自监控,突发事件发生时集中大厅统一调度,可实现跨网、跨区域、跨业务、跨座席联动智慧调度,大大提高了顺德应急指挥的效率,缩短了突发事件反应和处置的时间。

2)基础设施通

建设总面积为 4200 m^2 的计算中心,CQC-A 级国家标准,配备 3200 核心 CPU 65TB 内存的计算资源,2PB 的存储资源的城市之芯,可满足顺德未来 5 年的发展空间。利用虚拟化、云计算和区块链技术,为全区智慧城市、数字政府以及各部门信息化建设,提供 24 小时不间断的云计算、云存储和云安全等服务。

3)数据资源通

充分利用顺德近年来信息化的成果,通过精细精准的地理空间框架成果,与大数据技术的融合应用,打通区属多个部门的信息壁垒,累计整理和清洗多个业务系统的过亿条数据,建设智慧顺德城市大脑——综合信息平台,为智慧顺德各应用的开展提供强大的数据交换能力保障和基础数据支撑。

4)视频图像通

创新性地提出四网三平台两边界一资源池的架构,解决了网络安全与应用需求的关键点。通过汇聚公安部门的 Ⅰ 类视频、各职能部门及各镇街的 Ⅱ 类视频图像资源、社会的 Ⅲ 类视频资源，建设覆盖全区的城市天眼——区公共视频监控云平台，实现视频资源全区统筹、全域覆盖、全网共享、全时可用、全程可控。

智慧顺德项目始终服务于区委区政府强政、惠民、兴业的大局，围绕着建设广东高质量发展试验区的总目标，探索出一批领导关注、市民关心、部门放心的新应用。

为提升市民服务水平，智慧政务、办证办事等只要打开手机动动手指就能完成；i 顺德 APP、顺德政务百事通微信号，让市民足不出户享受便捷的政务和生活服务，事务申办不再需要在多个窗口多个部门来回跑，一个部门就能完全搞定。这是智慧顺德带给市民最直接的政务服务体验，借助智慧顺德的大脑，通过打通各部门业务系统和数据通路，实现 109 项审批事项不见面审批服务，284 项一次搞定，一窗通办，真正让数据跑腿，极大提升市民政务办事的便捷度和满意度。

顺德的智慧城市建设已经迈出了坚实的一步，智慧环保、智慧医疗、智慧教育等正徐徐展开，顺德将继续以高质量发展为战略引领，持续深化顺德智慧城市建设升级、迭代，打造网络大联通、信息大共享、数据大融合、民生大幸福、产业大发展的智慧城市建设新模式。

10.3.2　时空大数据在新冠疫情防控中的应用

新冠疫情暴发以后，疫情分布图、疫情热力图和疫情追踪图等"疫情地图"成为公众获取疫情数据、了解疫情发展的必备工具。用数据和事实说话，用已知推测未知，用地图来反映复杂的数据，甚至可以预测和模拟环境、社会问题等。而在"疫情地图"的背后，精准大数据和 GIS 起到了不可或缺的作用，同时串联不同时间段的授权位置数据、个体用户的移动轨迹，跟踪被传染者的传播途径并定位感染者，通过个人关系图谱，锁定被感染者接触过的人群，以便实施更准确的流行病学的调查。根据相关的数据，及时采取隔离、治疗等预防和控制措施，防止疫情扩散，这正是时空大数据在智慧医疗中的一种体现。时空大数据将感染者的位置信息在地图上赋予了空间属性，借助于地理信息科学强有力的空间分析技术，将一个个看似独立的个体或者物体，进行了关联分析，以模拟刻画真实的个体活动和疫情的传播情景。

10.3.3　时空大数据在智慧交通中的应用

当前在很多大中城市里，早晚高峰堵车的现象已经成为常态，造成堵车的原因有很多，其中，车辆过多固然是不可回避的原因之一，交通灯的不合理设置也是原因之一。对市中心而言，早高峰是进城的车辆多，晚高峰是出城的车辆多，这是一个普遍的现象。因此，智能地调整交通灯的时间，对减少拥堵尤为重要，将时空大数据运用到交通管理领域，可以让原本刻板的交通管理程序变得更加灵活起来。智慧交通系统拥有实时的道路交通和天气信息,所有车辆都能够预先了解并避开交通堵塞。对出行人员而言,可以沿最快捷的路线到达目的地,能随时找到最近的停车位,甚至在大部分时间,车辆可以自动地驾驶,乘客可以在旅途中欣赏在线的节目,同时对城市而言,也可以减少二氧化碳的排放量。

参 考 文 献

程昌秀, 史培军, 宋长青, 等. 2018. 地理大数据为地理复杂性研究提供新机遇. 地理学报, 73(8): 1397-1406.

高枫, 李少英, 吴志峰, 等. 2019. 广州市主城区共享单车骑行目的地时空特征与影响因素. 地理研究, 38(12): 2859-2872.

李德仁, 姚远, 邵振峰. 2014. 智慧城市中的大数据. 武汉大学学报(信息科学版), 39(6): 631-639.

林珲, 游兰, 胡传博, 等. 2018. 时空大数据时代的地理知识工程展望. 武汉大学学报(信息科学版), 43(12): 2205-2211.

林筱妍, 吴升. 2022. 基于语义规则和词向量的台风灾害网络情感分析方法. 地球信息科学学报, 24(1): 114-126.

吕帝江, 李少英, 谭章智, 等. 2019. 地铁站点多时间维度客流影响因素的精细建模——以广州市中心城区为例. 地理与地理信息科学, 35(3): 58-65.

王家耀. 2022. 人工智能赋能时空大数据平台. 无线电工程, 52(1): 1-8.

吴志峰, 柴彦威, 党安荣, 等. 2015. 地理学碰上"大数据":热反应与冷思考. 地理研究, 34(12): 2207-2221.

Kitchin R. 2013. Big data and human geography opportunities, challenges and risks. Dialogues in Human Geography, 3(3): 262-267.

Liu Y, Liu X, Gao S, et al. 2015. Social sensing: A new approach to understanding our socioeconomic environments. Annals of the Association of American Geographers, 105(3): 512-530.

Liu Y, Wang F H, Xiao Y, et al. 2012. Urban land uses and traffic 'source-sink areas': Evidence from GPS-enabled taxi data in Shanghai. Landscape and Urban Planning, 106(1): 73-87.

第 11 章 人 工 智 能

人工智能（AI）是一门综合了计算机科学、控制论、信息论、神经心理学、哲学、语言学等多种学科的、深度交叉的学科，其主要研究目的是用智能化的工具来实现人类的各种脑力活动和智能行为，如机器推理、机器翻译、机器识别等。借助人工智能技术，可以对智慧城市建设过程中产生的海量时空大数据进行挖掘分析、知识发现和模拟仿真，以实现智慧城市规划、管理和服务。因此，人工智能技术是实现城市智慧化的关键。本章首先阐述人工智能技术的起源和发展现状，进而介绍人工智能的研究领域，最后阐述人工智能在智慧城市中的应用及未来发展前景。

11.1　人工智能概述

11.1.1　人工智能的起源与发展

人工智能的概念是计算机科学家 McCarthy 于 1956 年首次提出的。广义上的人工智能是指在处理任务时具有所有人类智力特点的机器，包括具有组织和理解语言、识别物体和声音，以及学习和解决问题的能力等；而狭义上的人工智能主要是指在某些领域具有智能特性的机器，且能够在这些领域发挥到极致，但仅局限于此领域（蔡自兴和徐光祐, 2004）。例如，一个极为擅长识别图像的机器，它在其他方面表现欠佳，则它是狭义上的人工智能。2001 年美国电影《人工智能》上映，电影中所描绘的关于未来生活诸多的人工智能场景，引起了人们对未来人工智能的无限遐想。在 2016 年，第 18 届世界围棋冠军李世石，被 DeepMind 公司研发的阿尔法狗人工智能击败，这是人工智能的重大突破。人工智能的分析学习能力在围棋水平上真正超越了人类，自此，AI 成为全世界关注度最高的名词之一。2017 年 12 月，人工智能入选"2017 年度中国媒体十大流行语"。

人工智能的发展经历了很长时间的历史沉淀。早在 1950 年，图灵就提出了图灵测试机。在该测试中，将人和机器放在同一个小黑屋里，与屋外的人进行对话，如果屋外的人分不清与其对话的是人类还是机器，则说明这台机器就拥有了像人类一样的智能（杜文静, 2007）。百度创始人李彦宏表示：人工智能的发展主要经历了三个阶段。第一，是技术的智能化阶段，近十年来算法的快速迭代和创新，通过云计算、大数据与之相互赋能并逐步发展为新的技术平台，但并没有演变为某种产业或者经济现象。第二，是经济的智能化阶段，随着移动互联网的发展，产生的社会经济有效数据呈指数级上升，并且随着云计算的发展提供了海量的大数据运算能力，加之经济和社会的普遍数字化，人工智能技术终于在一些经济领域展示其独有的能力。第三，是社会的智能化，随着人工智能从经济领域渗透到更加广泛的社会领域，全球将会进入智能协作与制度创新的人工智能阶段，将对人类社会产生深远的影响。

11.1.2　人工智能的现状

人工智能的本质是智能化的技术，它集感知、推理、学习和行动于一体，利用计算机视觉、语音识别和深度学习等方式汲取丰富的信息，能够像人一样思考并做出决策（史忠植, 2011）。人工智能已经在家具设备、智能汽车、安全监控、生物医学等众多的场景得到应用。美国麻省理工学院的温斯顿教授认为，人工智能就是研究如何使机器能够完成过去只有人类才能完成的智能工作。人工智能分为机器学习和非机器学习。非机器学习的典型案例就是专家系统，它把人类所有的经验总结为一道道指令并输入计算机，规定了遭遇的各种情况的处理方式，具有一定的局限性，部分操作还是需要人类来完成，未能真正发挥出智能机器的功能。俗话说，授人以"鱼"不如授人以"渔"。同样地，非机器学习可以理解为只提供知识，即只有"鱼"，而想要授人以"渔"，即工具和手段，则需要机器学习来完成。机器学习是一种通过利用数据，训练出模型，然后用模型进行预测的方法，它能够赋予机器学习的能力。

机器学习又可以引申到神经网络，"神经元"是构成神经网络最基本的单位，神经网络由许多个神经元组成。如图 11-1 所示，该神经网络模型由编码器和

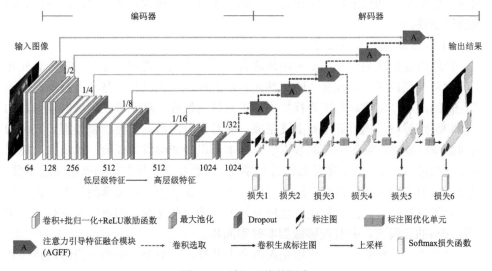

图 11-1　神经网络的组成

解码器两部分构成。编码器来自改进后的 VGG-16 网络，能够用于接收不同波段的输入，如 R-G-B、nDSM 多个波段的不同组合形式。改进后的编码器网络将原来的全连接层以及 Softmax 分类层替换为两个附加的卷积块。新增的两个卷积块都能够生成 1024 维的特征图。根据编码器的特征通道数以及空间尺寸，可以将编码器中所有特征划分为七个不同层级，接近输入图像的特征为低层级特征，接近抽象分类输出的为高层级特征。

当解码器接收到编码器的输入特征后，通过卷积操作将其转化为低分辨率的粗略标注图。其中，生成的低分辨率标注图的特征通道数与分类类别数一致。接着，解码器使用连续的二倍上采样操作（即双线性插值法）以及卷积操作逐步扩大低分辨率标注图，从而得到全分辨率的分类结果。像这样利用多层神经网络搭建出的模型称为深度学习。一般而言，深度学习的神经网络需要超过八层。

11.2　人工智能的研究领域

目前人工智能的研究领域主要包括自然语言处理、语音识别、计算机视觉、专家系统以及交叉应用等。

1. 自然语言处理

1）自然语言处理的概念

自然语言处理是一门融合语言学、计算机科学、数学于一体的科学。自然语言处理研究是指研究能够有效地实现自然语言通信的计算机系统。自然语言处理是通过自然语言实现人与计算机之间有效通信的各种理论和方法，已被用于语言翻译、虚拟个人助理建构、结构化电子病历等方面，极大提高了生产、生活、研究的便利性。

2）自然语言处理的应用

自然语言处理的一个主要应用是语言翻译。生活中遇到英文，很多人首先想到的就是寻找翻译网页或者 APP。然而机器翻译出来的结果，基本上是不符合语言逻辑的，这就需要对句子进行二次加工与排列组合。至于专业领域的翻译，如法律和医疗领域，机器翻译就更难完成。面对这一困境，自然语言处理正在努力打通翻译的壁垒，通过海量的数据学习样本，机器能够学习任何一种语言。机器从零开始进入一个领域，零基础的进行学习，大概仅需 2 周的时间就能精通掌握。因此，在很多领域都能得到广泛的应用。例如，在法律专业文章翻译中，优质法律文章的总量是有限的，若通过让机器学习一遍这些文章，则可以保证翻译结果具有 95% 的流畅度，并且能够做到实时和同步。

自然语言处理的另一个应用是虚拟个人助理。虚拟个人助理是指通过声控和文字输入的方式，来完成一些日常生活的小事。大部分的虚拟个人助理都可以做到收集简单的生活信息，并在观看有关评论的同时帮助优化信息以及辅助决策；同时，部分的虚拟个人助理还可以直接连接智能音响播放音乐或者收取电子邮件。虚拟个人助理应用已出现在生活中的方方面面，如音响、智能家居、智能车载和智能客服等。一般来说，在拨打客服电话时收到语音指令就可以完成的一些服务操作，都属于虚拟个人助理。

自然语言处理还可以将积压的病例自动批量转化为结构化的数据库，实现智能化的病例处理。通过运用机器学习和自然语言处理技术，能自动抓取病例中的临床变量，生成标准化的数据库，并对变量进行抽取，利用从思路生成到论文图表导出的全过程辅助智能算法，挖掘变量相关性，这不仅能激发论文的思路，同时还可以提供针对临床科研的专业统计分析支持。

2. 语音识别

语音识别是一门交叉学科，语音识别技术所涉及的领域包括信号处理、模式识别、概率论和信息论、发声机理和听觉机理以及人工智能等。通过与机器进行语音交流，让机器明白人们说话的意思，这是人们长期以来梦寐以求的。如今人工智能正在将这一理想变为现实。语音识别在医疗领域的应用依靠人工智能技术和大数据，医院可以实现智能语音的交互知识问答和病例查询，语音录入取代打字，通过说话的方式就可以轻松地使用电脑、平板、移动查房设备等进行录入。在语音识别方面还有一个比较有趣的应用，即语音评测服务。语音评测服务是利用云计算技术，将自动口语评测服务放在云端，并开放 API 的接口供客户远程使用。在语音评测服务中，人机交互式的教学，实现了一对一的口语辅导，如同请了一个外教在家教学，可以有效地解决"哑巴英语"的问题。

3. 计算机视觉

计算机视觉是一门研究如何让机器"会看"的科学。确切地说，是指用摄像头和电脑代替人眼与大脑对目标进行识别、跟踪和测量等，并对摄像头捕捉到的视频与图像做进一步的处理。

计算机视觉的一个典型应用是智能安防监控。随着各级政府大力推进"平安城市"建设，监控点越来越多，视频和卡口也就产生了海量的数据，尤其是高清监控的普及，使得整个安防监控领域的数据量正以爆发式的速度增长。依靠人工来分析和处理海量的视频信息变得愈发困难。因此，将计算机视觉技术应用到安防监控中，可以从海量丰富的数据资源中提取有用的信息，从而为有关部门提供从事前的预防到事后的追查的追溯服务。

4. 专家系统

专家系统（图 11-2）是人工智能中最重要和最活跃的一个应用领域，它是指在一个系统内部含有大量的某个领域专家水平的知识与经验，具有某个领域人类专家的知识和解决问题的能力（杨兴等，2007）。这种智能的计算机程序系统通常是根据某一领域多个专家提供的知识与经验，进行推理和判断，模拟人类专家的决策过程，去解决需要通过人类专家处理的复杂问题。专家系统的一个典型应用是无人驾驶汽车。无人驾驶汽车是智能汽车的一种，也称为轮式移动机器人，它主要依靠车内以计算机系统为主的智能驾驶仪来实现无人驾驶。

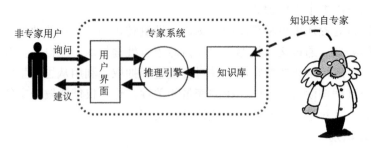

图 11-2　专家系统

　　专家系统的另一个典型应用是在天气预报领域。随着手机的普及，越来越多的人已习惯了观看手机中的天气预报，而在天气预测中，专家系统发挥了重要的作用。专家系统首先通过手机的 GNSS 系统定位到用户所处的位置，再利用算法对覆盖全国的雷达图像进行数据分析并预测，从而使用户可以随时随地查询自己所处区域的天气变化趋势。其中，专家系统还常被用于城市系统之中，如将城市的交通、能源和供水等基础设施全部数字化，可以将散落在城市各个角落的数据进行融合，再通过超强的分析以及超大规模的计算，实现对整个城市全局的实时分析。例如，杭州的城市大脑，通过对地图数据与摄像头数据进行分析，智能地调节红绿灯，成功地将车辆通行速度提升了 11%，大大改善了人们的出行体验。

5. 交叉应用

　　智能机器人是人工智能应用领域最突出的应用。机器人是自动执行工作的机器装置，它既可以接受人类的指挥，也可以依靠预先编好的程序运行，还可以根据以人工智能技术制订的原则纲领行动。它的任务是协助或取代人类的一些常规的工作，如制造产业、建筑业或危险性的工作。在消费升级的市场压力下，海量物件的库存管理和难以控制的人力成本，成了电商和零售等行业的共同困惑。通过机器人产品和人工智能技术去实现高度融合和智能化的物流自动化的技术变革，管理的成本降低，分拣的包裹完整性增强，可以满足提升各种分拣效率和准确率的要求。同时，因智能机器人的投资回报周期短，它的出现可有效地提升生产柔性，助力企业实现智能化的转型，也将越来越多地应用在日常社会生活中。

11.3　人工智能在智慧城市中的应用

11.3.1　智慧城市中的人工智能应用背景

随着中国的快速城市化过程，人口在大中城市高度集聚，城市病进一步加剧。如何在有限的空间下创造更高效与更宜居的城市环境，成为国内城市管理迫切需要解决的难题。虽然城市发展的速度很快，但城市与人口密度之间却成了不可协调的矛盾，造成了环境破坏以及城市治安等一系列问题。在这样的背景下，将人工智能技术应用于城市管理则变得越来越重要（饶玉柱，2021）。接下来将列举三个人工智能在智慧城市中的应用案例。

11.3.2　人工智能在智慧城市中的应用案例

1. 智慧交通

智慧交通是智慧城市建设的重点领域，也是人工智能的典型应用场景之一（王万良，2008）。交通是城市的"毛细血管"，像人体的毛细血管一样连接了动脉和静脉，维系着城市的正常运行。但当前，城市拥挤的人流、车流给城市的运行带来了巨大挑战。城市运行流通可看作海量数据的流动，如果这些数据缺乏指挥和思考，各自按照自身的意愿流动，则会增大交通堵塞与交通事故的概率。因此，在构建城市智能交通的过程中，人工智能就显得尤为重要。在 2016 年的云栖大会上，阿里巴巴宣布将给杭州安装一个"大脑"，一个可以对城市大数据进行自我分析、自我判断以及自我处理的人工智能系统。这就是著名的阿里云 ET 城市大脑。它的第一个目标是解决杭州的交通拥堵问题，在接管了杭州的 128 个信号灯路口后，其试点区域的通行时间减少 15.3%，高架道路出行时间节省了 4.6 分钟。在城市主城区，"大脑"日均报警达 500 次以上，准确率达 92%，并且在萧山区域取得更为显著的成效，缩短了一半救护车到达现场的时间。

智慧交通的另一个应用是智能红绿灯。智能红绿灯系统是一种可以缓解交通压力、使十字路口通行效率最大化的智能交通系统。世界上已有多种智能红绿灯系统，智能红绿灯发展情况是由电子控制技术、数据通信传输技术、计算机处理技术以及信息技术的发展状况决定的。随着这些技术的不断发展，智能红绿灯技术也会逐步发展更迭。

2. 智慧政务

"人工智能+政务"可以促使政府决策更加科学高效，一是因为人工智能成了撬开互联网互通难、数据共享难和业务协同难"三座大山"的新利器；二是因为人工智能塑造了用数据说话、用数据决策、用数据管理和用数据创新的决策氛围，这也正符合智慧治理的重要原则。

"健康码"就是人工智能在智慧政务中应用的典型实例。新冠疫情期间，为了更好地对疫情进行防控，也为了服务疫情期间的出行复工，腾讯和阿里巴巴先后推出了各自对应软件的"健康码"。民众通过微信或者支付宝，就可以申请涵盖自身健康信息的二维码，获得电子出行的凭证，便于民众在疫情期间的出行。"健康码"成为疫情期间和后疫情期间国民智能出行的主要凭证。此外，腾讯还推出了人工智能产品"政务联络机器人"，可以与辖区的居民联络，进行人机对话，完成相关政务信息的传递工作，对居民的需求和帮助进行解答。智能机器人还能自动生成疫情统计报告、展示通知以及排查结果。在节约人力成本、降低信息采集人员与居民交叉感染风险的同时，进一步提高了疫情防控的效率。

3. 智慧安防

当前人工智能已逐步渗透到了安防行业。人工智能技术的成熟，使得利用人工智能自动消除海量监控视频数据成为可能。安防系统产生的大量音视频数据都是无法快速查找和无法统计运算的非结构化数据，其想要转变成结构化的数据，则需要智能化处理。每座城市每天都会产生数以万计的数据，而人工智能可以将这些数据转换成有意义的情报信息。就应用于安防中的图像识别技术而言，虽然车辆识别技术已经成熟，但目前仍有很大的改进空间，如人脸识别还处于比较初级的阶段，绝大多数的普通安防监控摄像头也仍然无法满足人脸识别技术对分辨率的要求。

11.4　人工智能的发展前景

人工智能技术无论是在核心技术还是典型应用上，都已出现了爆发式的发展。随着平台、算法和交互方式的不断更新和突破，人工智能技术的发展将主要以"AI+X"的形式呈现，其中"X"是指某一具体的产业或者行业（田金萍，2007）。人工智能系统的出现，并不意味着对应行业或者职业的消亡，仅仅意味着职业模式的部分改变。任何有助于机器，尤其是计算机模拟、延伸和扩展人类智能的理论、方法或技术，都可视为人工智能的范畴。

11.4.1　人工智能的未来发展前景行业

1. 农业

在农业生产中，未来的人工智能有望在传统农业转型中发挥重要的作用。例如，可以通过遥感卫星、无人机等技术监测我国耕地的宏观和微观情况，由人工智能自动做出决策或向管理员推送最合适的种植方案，并综合调度各类农业机械和设备完成对方案的执行，从而最大限度地解放农业生产力。

2. 制造业

在制造业中，人工智能将可以协助设计人员完成产品的设计。在理想的情况下，它可以很大程度地弥补中高端设计人员短缺的现状，从而大大提升制造业的产品设计能力。同时，通过挖掘与学习大量的生产和供应链的数据，人工智能还有望推动资源的优化配置，提升企业效率。在理想的情况下，企业里的人工智能将从产品设计、原料购买、原料分配、生产制造和用户反馈数据采集与分析等方面，为企业提供全流程的支持，推动我国制造业转型和升级。

3. 生活服务业

在生活服务业中，人工智能同样有望在医疗、金融、出行以及物流等领域发挥出巨大的作用（黎夏等，2010）。例如，在医疗方面，可以协助医务人员完成对患者病情的初步筛查与分诊；医疗数据的智能分析和医疗影像的智能处理可以帮助医生制定治疗方案；借助可穿戴式设备等传感器可以实时了解患者身体的各项特征，观察治疗的效果。

4. 金融领域

在金融领域，人工智能可以协助银行建立更全面的征信和审核制度。从全局角度监测金融系统状况，抑制各类金融欺诈行为，同时为信贷等金融业务提供科学的依据，为维护机构与人的金融安全提供保障。在宏观经济领域中，它可以融汇政府的经济数据及社会经济大数据，从而全面监测城市经济发展的态势，并通过人工智能提升经济形势分析的前瞻性、精准性与有效性，为政府宏观经济形势分析与决策提供有力的支撑。通过经济的归因分析，智能判断当前经济产业链的短板，并做出对应的趋势预判；通过智能发展评估，对新兴产业进行深刻的洞察，并提前进行风险识别与评估。

5. 交通运输业

在出行方面，人工智能在无人驾驶领域已经取得了一定的进展。在物流方面，物流机器人也已可以很大程度地替代手工分拣。目前，仓储选址和管理、配送路线的规划以及用户需求分析等也已经走向了智能化。

6. 市场监管领域

在市场监管领域，人工智能可以通过应用人脸识别和计算机图像识别等技术，迅速地识别食品监管场所的卫生状况，发现安全施工过程中的潜在危险，可以通过智能舆情分析，提前预警无证经营或者非法经营的营商行为等。它也通过企业信用的全领域与全渠道的汇集或者披露，提前识别信用风险，并精准定位监管，实现企业信用的联动奖惩。

7. 知识产权领域

在知识产权领域，人工智能通过机器识别文本，并比对历史词库与上下文语段，能够快速地识别高价值的知识产权或专利，优化人为的验证，快速地进行价值评估。

8. 数字政府

当前，数字政府建设正处于由数字化向智能化和智慧化跃进的阶段，呈现出"决策向智慧化转型"和"数据集中协同服务"两大趋势。用人工智能赋能数字政府，会促使智慧政务服务在更多方面实现快速的提升。

11.4.2 "有温度"的人工智能

从人工智能目前的发展方向可以看出，在未来一段时间内，人工智能在物联网与电子商务等网络领域将发挥出更大的作用，同时对智慧城市建设的推动作用也会愈发显著（刘毅，2004；Shirai and Tsujii, 1982）。智慧城市的建设需要依靠每位市民的努力，然而在应用人工智能建设智慧城市的过程中，还会涉及教育、旅游以及文化等领域的建设。因为文化是支撑智慧城市发展的内在动力，只有当人们的思想道德素质和文化水平达到智慧城市的标准时，才能实现真正高效的智慧城市建设。

随着社会的发展，人们对于物质方面的追求，已经逐渐向精神文化方面发生转变，这也是人工智能未来发展的主要方向之一，即推动智慧城市文化建设。从核心技术的角度来看，三个层次的突破将有望进一步推动人工智能实现跨越式发展，这三个层次包括平台（承载人工智能的物理设备系统）、算法（人工智能的行为模式）以及接口（人工智能与外界的交互方式）。

经过近几年的发展，人工智能不仅实现了真正地服务于人，也实现了与人进行"有温度"的对话沟通。如今人工智能不仅可以理解与感知人类的感情，更能够为人类社会的运行发展提供技术支撑。从"能办事"到"办好事"，从消除"办事难"到不断提升办事体验，从数据分析到辅助决策，人工智能在应用于政府决策领域、提升市民的获得感与幸福感的同时，也在不断地优化营商环境，在推进智能政府与新型智慧城市建设的过程中发挥出更新、更大的作用。

参 考 文 献

蔡自兴, 徐光祐. 2004. 人工智能及其应用. 3 版. 北京:清华大学出版社.

杜文静. 2007. 人工智能的发展及其极限. 重庆工学院学报, 21(1): 37-43.

黎夏, 刘小平, 李少英. 2010. 智能式 GIS 与空间优化. 北京:科学出版社.

刘毅. 2004. 人工智能的历史与未来. 科技管理研究, 24(6): 120-124.

饶玉柱. 2021. 智能城市治理. 北京:电子工业出版社.

史忠植. 2011. 高级人工智能. 北京:科学出版社.

田金萍. 2007. 人工智能发展综述. 科技广场, (1): 230-232.

涂序彦. 2006. 人工智能: 回顾与展望. 北京:科学出版社.

王万良. 2008. 人工智能及其应用. 北京:高等教育出版社.

杨兴, 朱大奇, 桑庆兵. 2007. 专家系统研究现状与展望. 计算机应用研究, 24(5): 4-9.

Shirai Y, Tsujii J. 1982. Artificial Intelligence in Geography. New York:John Wiley & Sons.

第12章 区块链技术

如第9章所述，区块链是智慧城市建设中的重要智能化技术之一。区块链技术的特点保证了区块链的"诚实"与"透明"，为智慧城市建设奠定了信任的基础。本章将深入阐述区块链技术的特点及其在智慧城市建设中的具体应用。首先介绍当前智慧城市建设所面临的挑战，接着阐述区块链技术的特点及其为智慧城市建设带来的机遇，最后介绍区块链技术在智慧城市中的应用。

12.1 智慧城市建设的挑战

12.1.1 智慧城市发展的愿景和目标

智慧城市的组成可以简单理解为数字城市、物联网、云计算以及人工智能的有机组合（图12-1）。其中，物联网通过传感器让万物互联，把城市生活中的人、物等接入网络，并通过物联网获取实物的实时信息数据，将数据储存在云平台、云端上，然后通过云计算技术对获取的数据进行存储、分析、控制、反馈等。在这个过程中，人工智能技术主要是对数据中隐含的一些规则和知识进行挖掘，并综合运用各种先进的模型与技术，让计算机像人脑一样拥有"智慧"，从而打造出人性化的智慧城市，进而用于指导城市规划、城市管理、城市建设以及居民的日常生产和生活（张新长等，2021）。

数字城市 + 物联网 + 云计算 + 人工智能

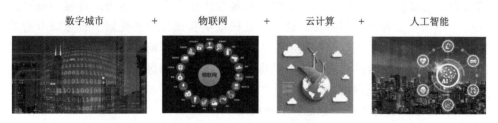

图12-1 智慧城市的组成

智慧城市通过物联网深层感知，全方位地获取城市系统的数据。然而获取到的数据可能是孤立的，需要通过广泛互联将孤立的数据联系起来，从而把数据变成信息，并通过数据的高度共享和智能分析，把数据中蕴含的信息转变为知识。最后，通过知识和信息技术的融合应用，可以运用到各行各业中，形成智慧化的系统（如智慧政务、智慧交通、智慧医疗、智慧环保等），从而实现智慧城市发展的愿景和目标，如透明高效的在线政府、精细精准的城市治理、融合创新的信息经济、自主可控的安全体系，以及无处不在的惠民服务等。

12.1.2　智慧城市建设面临的挑战

以上提到智慧城市发展的愿景和目标涉及四个关键词：透明、高效、安全和可信。要实现该目标，首先需要在技术上能够实现对城市的全域数据的感知，其次能够实现数据共享交换和融合，最后实现在各个平台之间，各个部门之间的业务协同和信任合作等。智慧城市建设在实现这些发展愿景和目标的过程中面临以下挑战。

1）身份认证和通信安全问题

物联网通常被比喻为智慧城市的"神经末梢"，它在通过各种各样的传感器采集城市的各个方面的数据时，会涉及身份可辨识度的识别、访问的控制以及设备互联互通问题。这使得在海量设备接入时，身份的认证和通信安全成为智慧城市发展的第一个方面的挑战。该问题是当前智慧城市发展需要解决的首要关键问题。

2）数据共享和交换时个人隐私信息的保护问题

智慧城市发展面临的第二个方面的挑战是在数据共享和交换时个人隐私信息的保护问题。在智慧城市建设过程中，会采集到各种各样的隐私数据，如年龄和性别信息、单位信息、身份证信息等，还有用户的一些属性数据，如收入情况（经济属性）、性格偏好、性格特征等，以及日常的出行行为信息。如粤省事小程序上集成了很多个人隐私信息，包括社保、医保、公积金、家庭信息等。粤省事的应用为民众提供了很多便捷服务，例如，提取公积金不需要到前台排长队，也不需要带很多的证件；去医院看病就医时，只需要出示个人的二维码；办理儿童的医保时，不需要去许多部门办理。这一切让民众实实在在地感受到了智慧城市的惠民服务。与此同时，民众也会担心个人隐私信息的泄露问题。因此，在实现数据的共享、交换和融合的过程中，如何保护个人的隐私信息，是当前智慧城市建设亟待解决的另一个关键问题。

3）数据在不同场景的打通和融合问题

智慧城市发展面临第三个方面的挑战是数据共享和交换时，跨部门、跨机构之间的数据的打通和融合问题。在智慧城市建设过程中，并不缺少数据。各行业各部门的系统繁多，数据量也庞大。然而，这些数据往往是分散的，各个部门之间各自为政，跨部门数据的调动与协同较为困难。例如，城管部门在进行生态园林城市建设和申报的时候，往往需要用到国土部门的地形图数据和住建部门的建筑物数据，但由于部门之间数据的孤立与隔离，数据共享、交换和融合的难度很大，这致使智慧城市建设的效益大大降低。

近年来，各地级市自然资源局的组建，将国土、规划、林业等部门合并，使得国土、规划、林业部门的数据共享问题得到了很好的改善。很多城市在智慧城市建设的过程中也意识到数据共享和融合困难的问题，都在努力尝试建立统一的政务服务平台。然而，如何真正地实现数据的共享、交换和融合，仍然是当前智慧城市建设需要解决的痛点之一。

4）缺乏有效的价值流通机制

智慧城市发展面临的第四个方面的挑战是缺乏有效的价值流通机制。智慧城市建设的内容涵盖很多方面，如智慧交通、智慧能源、智慧物流、智慧医疗等，涉及日常生活的方方面面。并且智慧城市建设会涉及价值流通机制的搭建，从而实现跨平台的互联、互信、互通。例如，商场的餐饮积分和停车券的积分能否打通，航空公司的会员积分和电商平台的积分能否打通。目前，这些系统之间往往是独立的，难以实现积分的互通跟价值的流转。然而，在智慧城市建设中各个应用场景之间的互联、互信、互通是需要有一个完善的价值流通机制来做保障的。

以上提到的第二和第三方面的挑战，分别是关于数据安全和数据共享方面的问题，这两者之间往往存在矛盾。一方面，政府对数据安全的重视会使得各个机构之间的壁垒很高，给数据共享带来了一定的困难；另一方面，智慧城市的运营离不开数据的运营，其生态融合的背后，是海量数据的共享和应用，因此，这对数据安全和隐私保护提出了较高的要求。想要解决这两者之间的矛盾，就必须要有先进的信息安全技术做支撑和保障，才能在充分保障数据隐私的前提下，实现数据的共享，从而解决两者之间的矛盾。

12.2　区块链技术及其为智慧城市建设带来的机遇

12.2.1　比特币与区块链的起源

区块链技术最早起源于比特币。2008 年，一个化名为名中本聪的人发表了一篇文章，详细介绍了比特币这种点对点的电子现金系统，并且在 2009 年正式发布了比特币系统，比特币系统由此诞生（颜拥等，2022）。

以下通过一个例子来介绍统货币系统与比特币系统之间的区别。在传统的转账交易场景中，货币资产往往是由中心化的金融机构来托管，如银行或支付宝和微信等中心化机构，而每个人的资产余额，是通过中心化的金融机构的账本来记录的。例如，原本张三的资产余额有 3000 元，李四有 2000 元，王五有 6000 元，赵六有 2500 元。在传统转账交易情景中，当张三需要向李四转账 1000 元的时候，首先由张三先授权给银行从自己的账户余额里面转账，然后银行据此来更新账本。于是，张三的余额就变为 2000 元，而李四的余额变为 3000 元，王五和赵六的余额保持不变。由此可见，传统货币系统的账本是中心化的，也就是只有银行能够进行记账（图 12-2）。

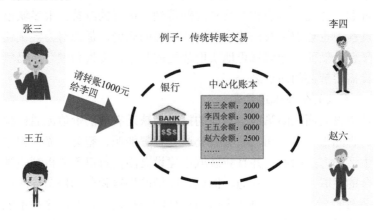

图 12-2　传统的中心化交易

　　而在区块链系统中，不再有银行这种中心化的机构。参与者彼此连接成网络，而且每个参与者都持有一份相同的账本。当张三向李四转账的时候，张三所发出的交易，会由区块链系统按照密码学的算法，来保障它的真实性，并且有一套特殊的机制来选出记账人。例如，有可能会选出赵六做记账人，那么此时就由赵六来更新这个账本，在赵六更新账本之后，系统会向全网广播，其余的参与者会根据这个广播来更新账本，最后，各个参与者的账本达成一致（吴心弘和裴平, 2022）。由此可见，区块链系统不需要中心化的机构（图 12-3），能够解决传统转账交易方式的弊端，如它不需要手续费、没有中间机构破产的风险。上述的举例只是一个简单的说明，实际上，区块链系统的运行，比上述的例子要复杂得多。

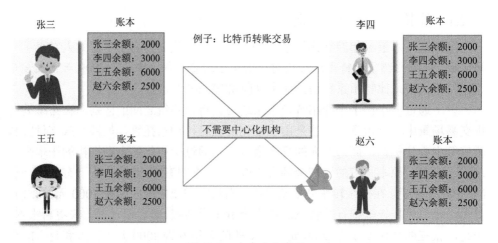

图 12-3　去中心化交易

12.2.2 区块链技术的概念及特点

比特币所运用到的数据结构催生了区块链的概念。通俗来讲，区块链可以理解为"区块+链"的数据结构，它是一段段由哈西指针构成的链式结构。从广义上讲，区块链是比特币的底层技术，它是一种利用加密链式区块结构，且是去中心化的分布式的数据账本技术。区块链主要通过密码学技术，让网络中的所有节点共同拥有数据、管理数据，并监督数据，使得数据具有不可篡改、不可伪造和一致存储的特点（袁勇和王飞跃，2016）。

区块链技术具有分布式账本、非对称加密、多方维护以及智能合约等特点。

1）分布式账本

在传统的电子支付系统中，中心化账本是由中心化机构（如银行）来验证并且记录系统中发生的交易，这种情境下账本是在中心机构的手中。而区块链的分布账本不需要中心化的第三方认证机构来对交易进行验证和记录，而是由全网的节点来共同维护和更新一份相同的账本，也就是分布式账本。通过分布式账本，每个节点会复制账本的一个备份。假如单个节点或多个节点失效，都不会影响系统的正常运行。因此，分布式账本的优势就在于可以保证数据的不可篡改以及公开透明。

2）非对称加密

非对称加密算法需要两个密钥，一个是公开密钥，简称为公钥，另一个是私有密钥，简称为私钥。公钥和私钥是成对的，如果用公钥对数据进行加密，那么只有用对应的私钥才能解密。比特币的公私钥加密的算法基本上是不可能被暴力破解的。因此，该算法既可以确保数据的公开性，又可以保障交易的安全性和个人的隐私。

3）多方维护

多方维护，也称为共识机制。共识机制就是在写入数据的时候不由单方控制，而需经过多方的验证形成共识，才能够顺利写入。这种机制能够保障数据存储的一致性和正确性。

4）智能合约

智能合约与传统合约的区别在于，传统合约是建立在人与人相互信任的基础上的，而智能合约是由代码来定义合约，而不受人为干预。因此智能合约的优势是保证数据的透明、不可篡改和相互验证。

12.2.3 区块链技术带来的机遇

区块链技术以上特点为智慧城市建设带来了以下几个方面的发展机遇。

（1）智慧城市的建设面临海量接入设备的安全隐患问题，那么区块链技术严格的身份验证机制和非对称加密机制能够保证智慧城市系统的终端安全、保障隐私和信息安全。

（2）针对智慧城市建设过程中的数据孤岛和孤立的困境问题，区块链技术的优势为其带来了很好的机遇。一方面，凭借着区块链的分布式存储和去中心化的特点，城市的每个运维管理单位都可以看作一个节点，如国土、城管、住建等部门，这些部门可以看作网络中的节点。这些节点所产生的数据不需要通过中心化的机构进行处理，就可以将数据直接发送到指定的分布式数据库中实现数据的直接传输，从而解决数据共享困难的问题。另一方面，区块链技术的多方维护机制，可以保证数据存储的一致性和正确性，使得智慧城市大数据的起源和发展历史都有迹可查，从而实现数据的不可篡改。这就可以促进数据的自由流通，打破数据的孤岛。以上两个方面共同促进了智慧城市建设中跨地域、跨部门、跨系统之间的数据共享和融合问题（陈涛等, 2018）。

（3）区块链技术可以打通智慧城市建设中不同场景间的价值流通通道。智慧城市的建设涉及日常生活的各个方面，是一个多场景的生态体系。那么在智慧城市建设进程中，需要有统一的价值流通体系来保障不同系统之间的互联、互信、互通。区块链智能合约技术则能很好地解决信任和运行效率的问题，能够搭建公开的、透明的、可执行的、可验证的价值传递方案，从而确保不同场景可以按照预先设置的合约规则高效运行，进而打通各个场景之间的价值流通通道。

12.3　区块链技术在智慧城市中的应用

智慧城市本身是一个非常庞大而复杂的系统，许多城市都在积极地探索如何利用区块链技术来助力智慧城市建设（图 12-4）。例如，福州市运用区块链技术打造福州的"城市大脑"；杭州市地铁联合支付宝推出了基于区块链技术的电子发票；上海市杨浦区应用区块链技术助推智慧城市的发展；雄安新区建立了区块链租房应用平台等。可见，基于区块链技术的智慧城市正在逐渐兴起。

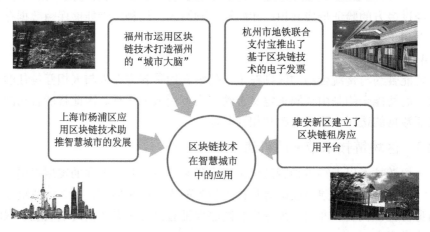

图 12-4　区块链在智慧城市中的应用

从区块链技术特点及功能的角度看，当前区块链在新型智慧城市中的应用技术可以归纳为四大类：第一类是数据安全与隐私保护的技术应用；第二类是数据追溯的技术应用；第三类是数据存储与认证的技术应用；第四类是数据流通与共享的数据应用。

在不同的应用场景中会用到区块链的不同技术，例如，在智慧政务建设中，需要用到区块链的数据追溯与数字认证技术；智慧医疗可能会用到数字安全与隐私保护以及数据追溯技术；而智慧工业可能会用到数据安全与数据共享技术等。下面列举区块链技术在智慧城市中的一些典型应用场景。

1）智慧政务中的电子证照

在日常工作生活中，经常会涉及证照的使用，如身份证、户口本、房产证、结婚证等。这些个人证照往往是由不同的部门发放和管理的，例如，身份证和户口本由公安部门管理，房产证由房管局管理，而结婚证由民政局管理。以往人们办理证件时通常手续较为烦琐，如办理房产证，需要提供多种证明材料给多个部门审批。而随着电子政务和互联网政务概念的提出，政府部门致力于利用信息化的手段提高办证效率，通过串联各部门之间的数据，让数据流通代替人员奔波。但该理念在实际应用时也面临一些困难，其主要原因在于对政府各部门的数据进行集中化管理时可能会存在安全隐患，即数据共享时涉及的数据安全问题，而"区块链+电子证照"就可以在一定程度上解决这个问题。

华为技术有限公司应用"区块链+电子证照"的技术改进了相关办事效率（图 12-5）。该电子证照系统涉及公安、民政、保险、医疗、教育、税务等多个部门。一方面，这些部门通过区块链技术建立起共享的账本，业务部门可以访问该共享账本，并且部门之间可以相互验证证照的真实性，从而防止篡改、造假，达到一证通办、提高办事效率的要求。另一方面，基于区块链的智能合约技术，可以定义联盟方共同协商、一致达成的共识机制，使共享账本的访问有权限、可追溯，并且依靠智能合约定义的加解密流程，可以防止数据泄露，实现对数据的监管。例如，办理房产证往往需要办理人向房管局提供产权人夫妻双方的结婚证，办理人可以利用区块链终端用户的授权机制，对其管理于民政局的电子结婚证进行意愿签名授权，再通过区块链的可授权加解密技术，将链上加密后的电子结婚证授权给房管局，房管局在收到电子结婚证信息并且验证通过之后，对电子房产证进行办理。办理人持证之后去银行办理房产抵押贷款时，房管局作为直接的监管部门，可以在该区块链上查看办理人抵押贷款的情况，并且进行持续监控。

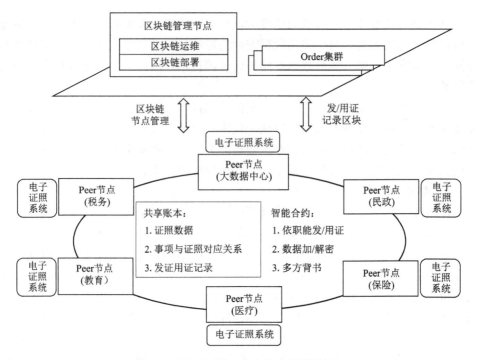

图 12-5　电子证照（华为技术有限公司）

2）区块链+不动产登记

广东南方数码科技股份有限公司提出"区块链+不动产登记"的解决方案，该方案已应用于东莞市实现不动产登记的智能化审批以及抵押登记的秒批秒放贷中。该方案主要借助区块链的智能合约技术，并基于多部门组成的区块链可信任网络，使用智能合约的方式，固化其数据标准和业务标准，从而建立部门之间互信互认的沟通渠道，最后实现不动产登记和抵押贷款登记的业务联动和高效率的审核。

该平台为公众和协同部门提供应用服务，并协调税务、银行、公积金等部门，进行数据上链，共同组织联盟生态，并把它应用于智能化审批公开查询、自动过户、电子委托等。例如，房屋的网签备案、贷款申请等手续，都是基于区块链进行的。将购房合同和贷款合同放在区块链上，基于区块链的智能合约技术，可实现约定时间的自动付款和扣款等。

3）智慧医疗

区块链技术的另一常见的应用场景是智慧医疗。在 2017 年，某医药公司生产的一批百白破疫苗被通告其药效指标不符合标准规定，而在 2018 年，国家药品监督管理局又通告该公司的狂犬病疫苗生产过程中存在记录造假等行为。传统的药品监管主要是依赖药品批次号或者标识号的鉴定，但是这种批次号很容易被仿制。

自从疫苗事件曝光之后，相关管理部门非常重视药品的溯源和防伪，而在区块链支持下的药品溯源和监管平台，能够对药品生产到流通的全过程进行追踪，这是防止药品造假的重要解决办法。

在北京医链科技公司的"区块链+智慧医疗"监管平台的解决方案中，他们为政府用户建立了供应链区块链监管云平台，基于区块链技术，对医用物资的各个环节（生产、加工、配送、流通等）进行全过程的监管，利用区块链的数据可溯性和智能合约的技术优势来实现一物一码，让每个药品都有自己的身份证，这可以极大限度地防止数据被篡改。同时，该方案为医保机构建立医保核查的云平台，通过医疗机构和体检中心对保险人群的健康档案上链存证，可以识别出带病投保等恶意欺诈行为。此外，对于保险人群，个人的健康档案数据又可以实现隐私保护。这两个方面的应用正是需要用到区块链技术的非对称加密机制，该机制可以保护个人的隐私，同时区块链的智能合约技术也可以防止数据的造假（黄锐等，2020）。

4）智慧工业园区

区块链在智慧工业园区方面的应用主要体现在物联网设备安全和生产流程优化两个方面。首先在物联网设备安全方面，区块链技术的分布式存储、共识机制和不对称加密算法，可以降低设备被攻击的风险；其次，在优化生产流程中，区块链网络的多节点分布式和访问控制的优势，可以实现安全可信、可塑的供应链数据的记录；最后，通过智能合约的接口可以实现对供应链全过程状态数据的可信查询和追踪。

5）智慧能源交易

区块链的另一个应用场景是智慧能源交易。碳排放交易是把二氧化碳排放权商品化，为了减少全球二氧化碳的排放，允许企业在排放总量不突破的前提下，来交易企业内部甚至是国内外的能源（刘晔和张训常，2017）。传统的碳排放交易面临两个方面的难题，一是控排企业的碳排放数据的配额和价格等数据的真实性没办法得到验证，信息不透明让很多的机构和个人不敢参与。该问题可以利用区块链技术来解决。通过区块链技术，每吨碳以及每笔交易信息都可以追溯，这可以避免信息的篡改，保障数据的真实性和透明性。二是传统碳资产的开发流程长，涉及部门多，会涉及控排企业、政府的监管部门、碳资产交易所、第三方认证机构等，而且每个参与的节点都会有大量文件的传递，因此容易出现错误。该问题可以利用区块链的智能合约技术来解决。该技术自动地计算控排企业的碳资产额度，使得整个流程公开准确，并且可以减少碳资产的开发时间，从而降低碳资产的生产和管理成本（赵曰浩等，2019）。

例如，IBM 公司与中国能源区块链实验室一起打造了全球首个区块链的绿色资产管理平台，通过该平台支持低碳排放技术。根据预测数据，该平台可以使整个碳资产的开发时间周期缩短 20%到 50%。在碳排放交易中使用基于区块链的解决方案具有非常显著的优势。智能合约可以为组织间的合作提供保障，在减少碳排放量的同时，还可以增加中国碳市场的信誉度，使监管变得更加透明和可核查。

参 考 文 献

陈涛, 马敏, 徐晓林. 2018. 区块链在智慧城市信息共享与使用中的应用研究. 电子政务, (7): 28-37.

黄锐, 陈维政, 胡冬梅, 等. 2020. 基于区块链技术的我国传染病监测预警系统的优化研究. 管理学报, 17(12): 1848-1856.

刘晔, 张训常. 2017. 碳排放交易制度与企业研发创新——基于三重差分模型的实证研究. 经济科学, (3): 102-114.

吴心弘, 裴平. 2022.法定数字货币：理论基础、运行机制与政策效应. 苏州大学学报(哲学社会科学版), 43(2): 104-114.

颜拥, 陈星莺, 文福拴, 等. 2022. 从能源互联网到能源区块链：基本概念与研究框架. 电力系统自动化, 46(2): 1-14.

袁勇, 王飞跃. 2016. 区块链技术发展现状与展望. 自动化学报, 42(4): 481-494.

张新长, 李少英, 周启鸣, 等. 2021. 建设数字孪生城市的逻辑与创新思考. 测绘科学, 46(3): 147-152, 168.

赵曰浩, 彭克, 徐丙垠, 等. 2019. 能源区块链应用工程现状与展望. 电力系统自动化, 43(7): 14-22, 58.

第 13 章　数字孪生城市

数字孪生城市是数字城市的目标，也是智慧城市建设的高级阶段。本章首先介绍数字孪生城市与智慧城市的关系，然后介绍数字孪生城市的主要支撑技术，最后总结数字孪生城市的应用现状及发展趋势，并提出数字孪生城市发展面临的挑战及相应的解决思路。

13.1　数字孪生与智慧城市的关系

13.1.1　数字孪生与数字孪生城市的概念

数字孪生城市来源于工业界的数字孪生概念。数字孪生最早由美国国防部提出，用于航空航天飞行器维护保障。在数字空间建立真实飞机的模型，通过传感器实时感知飞机的状态，及时分析评估是否需要维修、能否承受下次的任务载荷等。数字孪生中的孪生，一个指真实的物理实体，一个指虚拟的数字模型。如果物理实体是一个工厂，则对应的数字模型是数字孪生工厂；如果物理实体是一个城市，那么其对应的数字世界即为数字孪生城市。

根据 NASA 的定义，数字孪生是指充分运用物理模型、传感器、运作历史等数据，集成多学科、多物理量、多尺度、多概率的模拟仿真全过程，在虚拟空间中完成映射，进而反映相对应实体设备的生命周期全过程。简而言之，数字孪生是将现实世界的物理体、系统及其流程等复制到赛博空间，形成一个"克隆体"，两者最终构成一个"数字双胞胎"。我们认为，可以从以下几个不同的角度去定义数字孪生。在标准化组织中，数字孪生被定义为具有数据连接的特定物理实体或过程的数字化表达，该数据连接可以保证物理状态和虚拟状态之间的同速率收敛，并提供物理实体或流程过程的整个生命周期的集成视图，有助于优化整体性能。而在学术界，数字孪生是以数字化方式创建物理实体的虚拟实体，借助历史数据、实时数据以及算法模型等，模拟、验证、预测、控制物理实体全生命周期过程的技术手段。对于企业而言，数字孪生则是资产和流程的软件表示，用于理解、预测和优化绩效，以实现业务成果的改善。

将数字孪生技术应用到智慧城市建设中，就是我们所说的数字孪生智慧城市。李德仁院士提出，数字孪生城市是在建筑信息模型和城市三维地理信息系统的基础上，利用物联网技术把物理城市的人、物、事件和水、电、气等所有要素数字化，在网络空间再造一个与之完全对应的"虚拟城市"，形成物理维度上的实体城市和信息维度上的数字城市同生共存、虚实交融的局面（李德仁, 2020）。

13.1.2　从数字城市到智慧城市到数字孪生城市

随着大数据时代的到来以及互联网、云计算、物联网、人工智能等新一代先进信息技术的发展，近年来陆续诞生了数字城市、智慧城市以及数字孪生城市等各种"新型城市"概念。如第 1 章所介绍，数字城市是随着 1998 年美国前副总统戈尔提出"数字地球"而产生的概念。数字城市可以理解为对现实世界中的城市进行数字化，将其转变为计算机中的城市，从而指导城市的规划、管理和建设以及居民的日常生活。如第 8 章所介绍，智慧城市概念是由智慧地球理念发展而来，是智慧地球的重要组成部分。2009 年，在奥巴马就任美国总统后举行的美国工商业领袖圆桌会议上，IBM 公司首席执行官彭明盛首次提出了"智慧地球"（smart earth）的概念，建议新政府投资新一代的智慧型基础设施。2010 年，IBM 正式提出了"智慧城市"的愿景，随后产生了智慧城市建设的热潮。智慧城市可以理解为数字城市+物联网+云计算+人工智能。物联网通过传感器让万物互联，我们在网上可以获取实时的数据并将其传到云端，通过云计算技术可对获取的数据进行存储、分析、控制、反馈等，进而通过人工智能技术对数据隐含的规则、知识进行挖掘。通过综合运用这些先进的技术，让计算机如同人脑一样拥有"智慧"，打造人性化的智慧城市，应用于城市的各个方面，形成智慧政务、智慧交通、智慧医疗、智慧园区等。

数字孪生城市实际上就是将工业领域的数字孪生概念运用到城市治理领域中。数字孪生城市将物理世界的动态，通过传感器精准、实时地反馈到数字世界，突出了数字孪生的实时性以及保真性。数字化、网络化实现由实入虚，网络化智能化实现由虚入实，通过虚实互动，持续迭代，实现物理世界的最佳有序运行，这突出了数字孪生的互操作性、可拓展性以及闭环性。数字孪生城市将推动新型智慧城市建设，在信息空间上构建的城市虚拟映像叠加在城市物理空间上，将极大地改变城市面貌，重塑城市基础设施，形成虚实结合、孪生互动的城市发展新形态。

从各种"新型城市"的发展历程（图 13-1）看，从数字城市到智慧城市，再到数字孪生城市，是一个进阶的过程。李德仁院士对数字孪生城市与数字城市及智慧城市之间的关系进行了高度总结，认为数字孪生是数字城市的目标，也是智慧城市建设的新高度，它赋予城市实现智慧化的重要设施和基础能力（张新长等，2021）。数字孪生城市将引领智慧城市进入新的发展阶段。

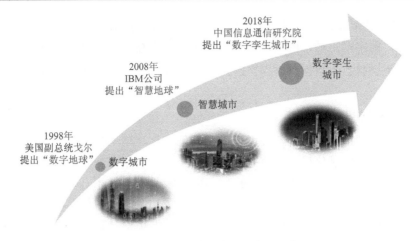

图 13-1　"新型城市"的发展历程

13.2　数字孪生城市的主要支撑技术

数字孪生城市是基于 3S 空间信息技术、物联网技术、人工智能技术、三维建模、建筑信息模型（building information modeling, BIM）以及城市智能模型（city information modeling, CIM）等多种技术构建起来的新型智慧城市（图 13-2）。数字孪生城市需要通过这些技术来创建一个虚拟的智慧城市，进而对城市中各个要素（如建筑、交通、能源、医疗等）进行监测、模拟仿真、分析和预测等，从而提出符合智慧城市建设的规划以及智慧城市应用的各种解决方案。如果将数字孪生城市比喻为人类生命体，则这个生命体可以通过 3S 空间信息技术获取的城市自然、人文、生态等基底模型作为"骨架"；利用三维建模、BIM 和 CIM 等技术，可以将城市的实体建筑数字化成计算机上的建筑，生成生命体的"血肉"；进而通过物联网感知技术生成神经网络，最后结合人工智能技术，塑造成一个成熟的"大

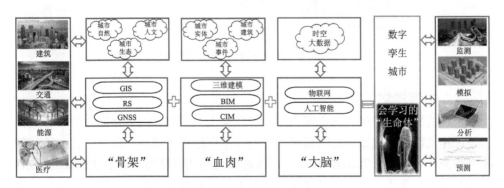

图 13-2　数字孪生城市构建需要的支撑技术

脑",最终将城市真正打造成一个可感知、可判断、快速反应、会学习的城市生命体。因此,数字孪生城市的实现需要 3S 空间信息技术、三维建模技术、物联标识感知技术以及人工智能与深度学习技术等支撑。以下就这 4 大类支撑技术分别进行介绍。

13.2.1　3S 空间信息技术

数字孪生城市的建设离不开城市内部的信息化,3S(RS、GIS、GNSS)空间信息技术为城市信息化提供了有效手段。首先,数字城市是以城市信息基础设施(网络、数据)为支撑,采用 GIS、RS、GNSS 及计算机技术,以可视化方式再现城市"自然、社会、经济"复合系统的各类资源的空间分布状况,对城市规划、建设和管理的各种方案进行模拟、分析和研究的城市信息系统体系(王家耀和邓国臣,2014)。而数字孪生城市是数字城市的目标,在数字孪生城市建设中,我们同样需要借助 3S 空间信息技术来实现城市信息化,例如,利用 RS 技术来采集遥感数据,利用 GNSS 采集城市实景、社会轨迹等数据,再利用 GIS 等技术来采集地球表层的自然、生态等要素的信息,并且测量感知人文经济信息,同时还需要管理和分析各种时空信息。现在分布在城市中的社会感知传感器为获取人文经济信息提供了新的手段,但是如何挖掘和分析社会传感网的信息还有大量研究工作要做(龚健雅和郝哲,2019)。3S 空间信息技术为数字孪生城市建设所需的自然、人文、生态等信息的挖掘和分析提供了有效的技术支持,是数字孪生城市建设必不可缺的技术之一(图 13-3)。

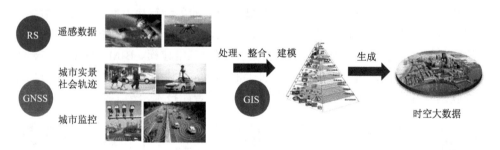

图 13-3　3S 空间信息技术对数字孪生城市的技术支持

13.2.2　三维建模技术

传统的智慧城市建设在空间规划上已经实现系统化管理,海量二维 GIS 数据以及瓦片式地形景观数据的高效组织管理技术已经相对成熟,促进了虚拟地球的应用服务(Wu et al.,2010),但二维平面远远达不到智慧城市智慧化建设的要求。三维空间的有效感知与实景可视化日益成为城市建设管理的重要问题,也是数字孪生城市建设的关键内容。三维 GIS 技术可实现城市实景可视化,为城市三维实景提供有效的技术支撑。与传统的二维 GIS 平台相比，三维 GIS 平台可视化最突出的特征是具有更强的真实感，这种真实感一方面源自于逼真的模型，另一方面也得益于高效的人机交互体验（易海泉，2020）。同时，三维实景建模过程中还可以通过"影像+模型"的方式使计算机中的城市实景信息更加精细和丰富，更便于去实现对目标的实景可视化查询以及对数字孪生城市进行更智能的规划管理。所使用的影像主要由无人机航测、激光雷达、倾斜摄影等新一代测绘信息技术方法获取。

随着三维 GIS 在设施规划设计、建设与运行维护等全生命周期中的深化应用，三维 CAD 模型、三维建筑信息模型（BIM）与三维 GIS 模型的集成与融合成为新的前沿技术（朱庆，2014），其中三维建筑信息模型（BIM）也是数字孪生城市建设的关键技术之一。BIM 的概念是多重的，既可以指建设项目的数字化模型以及其中的设施和功能特性，又可以指通过创建和利用数字模型在设计-施工-运营的全生命周期内进行协同工作和集成管理的过程（包胜等，2018）。其核心是通过建立虚拟的建筑工程三维模型，利用数字化技术提供完整的、与实际情况一致的建筑工程信息库，该信息库不仅包含描述建筑物构件的几何信息、专业属性及状态信息，还包含了非构件对象（如空间、运动行为）的状态信息，在交通、水利、市政、电力、装饰等多方面渗透，能实现建筑的全生命周期的信息管理，这种优势可以贡献于智慧城市的可持续发展。信息化建设是智慧城市建设重要的一环，BIM 技术的全开放数据可视化、开放共享性恰为智慧城市的吻合点，为绿色建筑、智慧城市的应用等创造了有利的条件（曹颖，2020）。

城市不仅有建筑，还有基础设施和地理信息，把这三者模型化叠加起来就是城市信息模型（CIM）。CIM 是城市的全要素信息模型，包括对地上（城市建筑及基础设施）、地表（交通、能源、资源等）、地下（地下管廊）的城市各类资源进行语义定义，能对二维数据、三维数据、BIM 数据高效管理、发布与可视化分析（李静，2020）。CIM 的构架和 BIM 基本一致，前者是在后者的基础上进行扩展的（刘燕和金珊珊，2020），与 BIM 概念相对应，它将作用对象从单个建筑物或项目群扩大到整个城市，是对城市各要素及其时间、空间信息的数字化表达。从技术层面讲，城市信息模型是大场景 GIS+小场景 BIM+物联网的有机综合体。BIM 与 GIS 可以在大范围的自然环境里提供不同尺度的建筑对象可视化，而物联网可以将实时的信息流反馈到数字模型当中，使 CIM 平台呈现客观世界所有的状态，最后构成一个与客观世界相对应的数字孪生城市（刘燕和金珊珊，2020；许镇等，2020）。

13.2.3　物联网感知技术

物联网（IOT）是互联网与 RFID、传感器和智能物体的融合。物联网可以被定义为"属于互联网的东西",用来提供和访问所有真实世界物体的信息(Singh and Jara,2014),也是感知城市信息的主要技术手段。构成城市运作的基本要素包括物流、制造、电网、交通、环保、市政、商业活动、医疗等,物联网技术利用各种信息传感设备及系统,将物与物、人与物、人与人连接起来,构成一个智能化的信息网络。智慧城市依托信息通信技术(information and communications technology,ICT)、IOT 这样的网络信息基础设施,建立横向的数据平台,把纵向应用的交通、医疗、政务等数据整合到一个大的平台上来,对城市的设施、产业、服务以及管理等方面进行优化,构建了完整的智慧城市的生态系统,打造了全新的城市形态,实现了城市发展的智慧化。物联网就像是植入智慧城市的神经网络,使城市具有智能感知、快速反应、优化调控的能力。依托物联网技术,通过对城市各种信息的全面感知和度量、泛在接入和互联,让计算机可实时"读写"真实城市,使各对象可以通过网络与其他对象进行通信、交互和远程监控等,有利于实现各领域的智慧化以及智慧城市的建设。

13.2.4　人工智能与深度学习技术

人工智能是构成智慧城市"大脑"必不可少的技术之一(梁鹏,2020),伴随技术的成熟与应用场景的铺开,人工智能技术正加速渗透到人们工作生活的方方面面。智能产品的类型不断扩充,智能计算的场景愈加丰富,特别是物联网设备的普及以及边缘计算时代的到来,产生了对海量数据与智能计算的需求(王哲,2019)。智慧城市领域的人工智能技术,其本质是以数据为驱动的城市运营和服务机制。人工智能技术在数字孪生城市中发挥的作用是:一方面,利用人工智能算法,可以建立对象仿真、智能仿真、分布交互仿真、虚拟现实仿真等模型,实现对城市运行态势的推演以及对不同环境背景和决策下的城市发展情景模拟,以供城市规划和管理决策参考;另一方面,利用人工智能技术和深度学习技术,可以从海量实时数据中进行自主实习,从而实现自动决策以及对物理世界的反向智能控制,以推动城市自主学习和智慧成长。

13.3　数字孪生城市的应用现状及发展趋势

数字孪生作为推动实现企业数字化转型、促进数字经济发展的重要抓手,已具备普遍适应的理论技术体系,并在产品设计制造、工程建设和其他学科分析等领域有较为深入的应用。在当前我国各产业领域强调技术自主和数字安全的发展阶段,数字孪生本身具有的高效决策、深度分析等特点,将有力推动数字产业化和产业数字化进程,加快实现数字经济的国家战略。

作为数字经济当中的一项关键技术和高效能工具,数字孪生可以有效发挥其在模型设计、数据采集、分析预测、模拟仿真等方面的作用,助力推进产业数字化，促进数字经济与实体经济融合发展。从发展态势来看，它不仅是全新信息技术发展的新焦点，也是各国实现数字化转型的新抓手，还是众多企业业务布局的新方向。

随着物联网、大数据、人工智能等新一代信息技术的发展，在模拟、新数据源、互操作性、可视化、仪器、平台等多方面的共同推动下，数字孪生及相关系统实现了快速发展，数字孪生城市的落地实施也逐渐成为可能。当前，数字孪生技术在国内的应用场景很多，如智慧政府、智慧物流、智慧园区、智慧医疗、智慧交通等（图 13-4）。2020 年成为数字孪生技术应用的元年，相信很快，随着人工智能+三维数字化自动建模等技术的研发与应用，数字孪生的实现效率将大大提高，进而实现智慧城市可视化操作系统，并赋能产业互联网由二维内容升级到三维，及至未来四维实景的提升，赋予人类视觉从二维到四维的跨越。

图 13-4　数字孪生城市的应用场景示意图

13.4　数字孪生城市发展面临的挑战及解决思路

当前，数字孪生的行业应用层出不穷。然而，数字孪生的大规模应用场景还比较有限，涉及的行业也有待继续拓展。尤其数字孪生技术要在智慧城市建设中得到更广泛的应用，还将面临数据、基础知识库、系统融合以及人才等方面的挑战。

一是数据问题。数据是数字孪生城市建设的关键所在，现阶段数字孪生城市建设在数据问题上主要面临以下几个方面的挑战：①数据的采集能力参差不齐，底层关键数据无法得到有效感知；②多维度、多尺度数据采集不一致；③数据传输的稳定性不足；④受多源数据获取方式的影响，数据的准确性难以保障；⑤海量数据的存储与协同计算能力欠缺；⑥通信接口协议及相关数据标准不统一；⑦数据的分享与开放机制不完善；⑧多源异构多模数据较难实现集成、融合和统一；⑨数据管理、数据存储方面可能存在安全隐患；⑩已采集的数据闲置度高、缺乏数据关联和挖掘相关的深度集成应用，难以发挥数据潜藏价值。

二是基础知识库问题。在系统层级方面，存在着数字化、标准化、平台化的缺失，主要体现在各层级的自身基础知识库匮乏，现有层级之间的基础知识库互联互通障碍以及基础知识库的整体架构不完善；在生命周期方面，存在着结构化、传承性、规划性缺失的问题；在价值链方面，则存在着现有应用价值不足、兼容性差、盈利模式不明等问题。

三是多系统融合问题。数字孪生是一个多维系统的融合，在数据、模型和交互各环节均涉及融合应用，而目前无论是在数据采集、数据传输、模型构建还是交互协同环节，与数字孪生构架均未深度结合。

四是人才问题。现阶段数字孪生核心软件技术仍由国外人才主导，国内市场缺少数字孪生标准化研究相关的专业人才。

要解决以上问题，需要从两个层面上着手。首先，在宏观层面上，需要从以下几个方向努力：①加强数字孪生标准化顶层设计与统筹推进机制；②加强重点领域标准研制和应用示范；③探索数字孪生产业数据模型共享机制等；④以推出优质培训课程等方式加强数字孪生优秀平台或产品的展示与推广；⑤加强数字孪生产业开放与交流平台建设，促进产学研协同创新，让需求和技术得以落地；⑥加强数字孪生相关人才培养，尤其加强培养具备数字孪生与其他领域知识储备的交叉复合型人才。

其次，在微观层面上，需要加大力量研究数字孪生城市所涉及的关键技术，具体包括：①以算法为核心，以数据和硬件为基础，以大规模知识库、模型库、算法库的构建与应用为导向，重点提升信息建模、信息同步、信息强化、信息分析、智能决策、信息安全等多种数字孪生关键技术；②加快孪生公共服务平台建设；③加强数字孪生与其他技术的创新融合，探索和研究更符合数字孪生相关业务的基础理论、集成融合技术及方法。

从长远来看，要释放数字孪生的全部潜力，有赖于从底层向上层数据的有效贯通，并需要整合整个生态系统中的所有系统与数据。随着新一代信息技术、先进制造技术、新材料技术等系列新兴技术的共同发展，各项要素得以持续优化，数字孪生的发展要不断地探索和尝试，以及不断地优化和完善。

参 考 文 献

包胜, 杨溪钦, 欧阳笛帆. 2018. 基于城市信息模型的新型智慧城市管理平台. 城市发展研究,

25(11): 50-57, 72.

曹颖. 2020. BIM 技术应用——绿色建筑, 智慧城市, 建筑工业化. 第六届全国 BIM 学术会议. 太原, 山西.

龚健雅, 郝哲. 2019. 龚健雅: 信息化时代新型测绘地理信息技术的发展. 中国测绘, (7): 25-30.

李德仁. 2020. 数字孪生城市: 智慧城市建设的新高度. 中国勘察设计, (10): 13-14.

李德仁, 龚健雅, 邵振峰. 2010. 从数字地球到智慧地球. 武汉大学学报(信息科学版), 35(2): 127-132, 253-254.

李静. 2020. CIM 平台架构下的城市规划数据建模与应用研究. 南京: 南京市国土资源信息中心 30 周年学术交流会.

梁鹏. 2020. 城市大脑:领航智慧城市新未来. 信息通信技术与政策, 317(11): 5-10.

刘燕, 金珊珊. 2020. BIM+GIS 一体化助力 CIM 发展. 中国建设信息化, (10): 58-59.

王家耀, 邓国臣. 2014. 大数据时代的智慧城市. 测绘科学, 39(5): 3-7.

王哲. 2019. 智能边缘计算的发展现状和前景展望. 人工智能, (5): 18-25.

许镇, 吴莹莹, 郝新田, 等. 2020. CIM 研究综述. 土木建筑工程信息技术, 12(3): 1-7.

易海泉. 2020. 三维 GIS 助力智慧城市建设. 中国测绘, (3): 73-75.

张新长, 李少英, 周启鸣, 等. 2021. 建设数字孪生城市的逻辑与创新思考. 测绘科学, 46(3): 147-152, 168.

朱庆. 2014. 三维 GIS 及其在智慧城市中的应用. 地球信息科学学报, 16(2): 151-157.

Singh D, Jara G T A. 2014. A survey of Internet-of-Things: Future vision, architecture, challenges and services. 2014 IEEE World forum on Internet of Things. Seoul, Korea.

Wu H, He Z, Gong J. 2010. A virtual globe-based 3D visualization and interactive framework for public participation in urban planning processes. Computers Environment and Urban Systems, 34(4): 291-298.